著 セリア・ホデント

監訳 山根信二 訳 成田啓行

はじめて学ぶ ビデオゲームの心理学

脳のはたらきとユーザー体験（UX）

The Psychology of Video Games

福村出版

THE PSYCHOLOGY OF VIDEO GAMES 1st edition
by Celia Hodent

Authorised translation from the English language edition published by Routledge,
a member of the Taylor & Francis Group
Japanese translation published by arrangement with Taylor & Francis Group
through The English Agency (Japan) Ltd.

日本の読者のみなさんへ

読者のみなさん、この本を開いてくれてありがとうございます。日本語版の刊行をとても光栄に、そしてうれしく思っています（福村出版のチームに心からの感謝を捧げます）。どうか充実した読書になりますように。

人を楽しませ、喜ばせる力をもったゲームを作るのが大変な作業だということは、世の中にあまり知られていません。優れたビデオゲームはたいてい開発に何年もかかっていますし、数多くの才能やエキスパートを集めて協力してもらう必要もあります。プログラマーやデザイナー、アーティスト、プロデューサー、マネージャーといった、いろんな人がチームを組んでゲーム制作にあたっているのです。最近では、認知心理学の専門家がゲーム作りに参加することも増えています。私もそうですが、人間の脳についての知識があり、脳がどのように機能して情報を処理しているかとか、脳にどんな偏りや弱点があるかといったことに詳しい人たちです。そのような「ヒューマンファクター（人間側の要因）の心理学」の専門家がどうしてゲームに関与するのかというと、ゲームをするという活動は、他のあらゆる活動と同じく、心で体験することだからです。心のはたらきを理解することは、ビデオゲームなどの製品を通じた体験の質を高めるうえで重要なのです。

スマートフォンのアプリを使う、自動販売機を操作して商品を買う、エレベーターに乗って階を移動する、信号機に従って交差点を渡る、ウェブサイトで列車のチケットを購入する、などなど、さまざまな状況で使われる製品やサービスはすべて、誰かが**ほかの人のために**デザインしたものです。人はみな少しずつちがう存在ですから、ユーザーが安全に目標を達成できるか、誰かを排除していないか、みんなが利用できるように配慮されているかといった観点から、製品を注意深く検証しなければなりません。ヒューマンファクター心理学（やユーザー体験［UX］）の専門家は、できるだけ良質な体験を提供し、ユーザーの人生がテクノロジーで豊かになるようにと考えて努力しています。それはすなわち、人間についてよく考え、人の能力と限界を踏まえて、人間中心の視点で製品を開発することであり、ビジネスニーズよりも人間の欲求と幸せを優先させるということです。

ビデオゲームの仕事で掲げられる目標はいろいろですが、いずれにせよ、ユーザーが課題をこなせるように支援することではなく、ユーザーに楽しんでもらうことを目指します。本書の前半では、この取り組みの背後にある科学と方法論を説明します。ビデオゲームは私たちの文化の一部を担うので、プレイヤーに与える影響を理解することも大事なのです。また、ビデオゲームついてはさまざまなことが語られていますが、大げさな話もよくあります。そのため、本書の後半では、ビデオゲームを対象とした学術研究を取り上げています。ビデオゲームの利点と難点について、細かい部分まで理解するための参考になれば幸いです。

結局のところ、どうして私たちが一人で、あるいは誰かと一緒にゲームをするのかというと、一番は楽しいからです。ただ、楽しさには丹念な作り込みも必要です。それは言うほど簡単ではないのですが……。ぜひ、この本でビデオゲームに関するおもしろい知見に触れ、楽しみながら認識を深めていただきたいと思います。

セリア・ホデント

カリフォルニア州ロサンゼルス

はじめに

▶ なにがゲームをおもしろくするのか？

あなたは普段、なにかゲームをしていますか。カードゲームやボードゲーム、ビデオゲーム、スポーツの試合としてのゲームとか。しないと言う人も、子どものころに遊んだゲームは覚えていますよね。その中には、あまり関心がわかなかったゲームもあれば、ひとりで、もしくは友達や家族と夢中になって何度も遊んだゲームもあるでしょう。チェスやポーカー、サッカー、テトリス、ポケモンみたいに、人生を通じて特定のゲームを楽しんでいる人もいるはずです。

ゲームが好きな人ならご存知でしょうが、すべてのゲームが等しく魅力的で楽しいというわけではなく、ビデオゲームも例外ではありません。しかしビデオゲームは、いまや大人気のエンターテインメントであり、多くの関心を集めています。たとえば、2019年9月に「ビジネス・インサイダー」誌でマイクロソフトが明かしたところによると、子どもに大人気のゲーム『マインクラフト（Minecraft）』には月間1億1200万人というとんでもない数のプレイヤーがいるそうです。

ビデオゲームは多種多様なゲームプレイができるという点で高く評価されています。たとえば、壮大な冒険のヒーローになる（『アンチャーテッド（Uncharted）』シリーズなど）、自分の宇宙船を建造する（『カーバル・スペース・プログラム（Kerbal Space Program）』など）、空間や時間を操作してパズルを解く（『ポータル（Portal）』や『ブレイド（Braid）』など）、統合失調症やうつ病の世界を探索する（『ヘルブレイド：セヌアズ・サクリファイス（Hellblade: Senua's Sacrifice）』や『シー・オブ・ソリチュード（Sea of Solitude）』など）といったさまざまな体験が可能です。

ゲームには果てしない可能性があるので、ビデオゲームは教育や健康の分野に活用できて、世界全体をよくする強力なツールだと考える人もいます（McGonigal, 2011）。

それにしても、どんな要素がビデオゲームを魅力的にするのでしょうか。もちろん、個人の好みを考えないわけにはいきません。いくら人気のあるゲームでも、すべての人を魅了するわけではないですし、マニアックなゲームが熱心なプレイヤーに高く評価されることもありますから。しかし、個人の好み以外にも、人を引きつけるゲームの制作に役立つ材料はあります。そして、開発者がそれらの材料を見つけて適切なレシピに練り込み、開発プロセスを進めていくには、心理学が重要な役割を果たします。

ゲーム開発は大変な作業で、多くのプロジェクトが失敗します。大成功を収めて大金を稼いだゲームに注目が集まりますが、現実には多くのゲームスタジオや独立系ゲームデベロッパーが経営に苦しんでいます。『ザ・ウォーキング・デッド（The Walking Dead）』を開発したテルテイル・ゲームズ（Telltale Games）のように、有名なテレビドラマをゲーム化して地位を確立していたスタジオでさえ、いきなりの閉鎖や数百人規模の解雇といった事態におちいることがあり、スタッフの退職金未払いや健康保険の喪失といった問題が起きることもあります。

ゲームで遊ぶ人たちの多くは、ゲームがどうやって作られているかを知りません。並々ならぬ努力をして、ときに厳しいプレッシャーにさらされ、遊び心でできる仕事ばかりでもなく、残業は当たり前というのがゲーム業界です。プロジェクトの多くは目標を達成できず、おもしろくないゲームになってしまうか、毎年リリースされる膨大なゲーム群の中で、たくさんの無料ゲームに囲まれ埋もれてしまいます。

ゲームを体験するということは（他の体験もそうですが）、すべて心の中の出来事です。ルールを理解する、上達する方法を学ぶ、他のプレイヤーと協力や競争をする、苦難を乗り越える、勝利の興奮を味わう、喪失の苦しみに対処する。これらはいずれも脳内で起きています。だから、優れたゲームの構成要素を解明するには、心の中の過程の全体を理解することから始めるのが得策です。

この本では、最初の２つの章で**ゲーム制作の背後にある心理学**について説明します。第１章では、ビデオゲームをプレイするときなどに脳内で起こる情報処理の過程を簡単に説明し、その主な限界についても記します。知覚、記憶、注意、動機づけ、情動といったトピックを取り上げます。第２章では、これらの知識に基づいて「ゲームのユーザー体験」について説明します。ユーザー体験（UX）をマインドセットとして意識している開発者は、常にターゲット層を中心に据えて開発を進めることができます。つまり、ユーザーが製品を使うときにつまずきそうな箇所を予測し、途中で製品をテストして開発の進みぐあいを確認して、問題があれば修正方法を考える。こうしたUXマインドセットをビデオゲームに適用すれば、操作に無理がなく、内容が理解しやすいことに加えて、おもしろくて引き込まれるようなゲームになるでしょう。そしてすべてが揃ったとき、遊びやすくて魅力的なゲームが生まれ、楽しんでもらえるというわけです。

▶ビデオゲームはどんな影響を及ぼすか

ビデオゲームは世界中に普及し、非常に高い人気を得ています。その結果、ゲームがプレイヤーに与える影響が話題にのぼるようになりました。ビデオゲームは教育に有効だ、人の幸福に貢献するのだと賞賛される一方で、プレイヤーの足をひっぱる悪者とみなされたり、暴力行為を誘発すると責められたりもしています。これらの主張については、第３章と第４章で**ゲームプレイの心理学**を解説しながらみていきます。

第３章では、ゲームをすることのメリットに注目します。証拠に基づいてゲームプレイの利点を指摘するとともに、「教育的なゲーム」をはじめ、過大評価されているいくつかの論点について修正を加えます。第４章では、ビデオゲームがもつとされる否定的な側面に着目し、研究者の間で交わされている議論を取り上げます。

最後に、第５章では、この人気の高いインタラクティブな芸術形式[1]が提起する倫理的な問題を検討します。ビデオゲームが今後も魅力的な体験を提供し続け、あらゆるプレイヤーに尊重してもらえる存在になるにはどうしたらよいかを考えます。

どうぞ楽しく読んでくださいね！

1　監訳注：ビデオゲームを「芸術形式」として議論するのはゲーム学・ゲーム研究のアプローチの一つである。日本での詳細な議論としては、松永伸司（2018）.『ビデオゲームの美学』（慶應義塾大学出版会）の「第Ｉ部 芸術としてのビデオゲーム」がある。

謝辞

この本で私は、ビデオゲームの心理学について、親しみやすく、かつできるだけ正確に語ることを目指しました。その試みがうまくいっていることを願っています。もし、成功しているとしたら、それは私ひとりで達成できたことではありません。校正に関わってくださった方、新たな観点をお示しいただいた方、本書で取り上げている研究についてお話ししてくださった方など、ご協力いただいたみなさまに心から感謝いたします。とりわけ、いつでも話につきあってくれるフラン・ブランバーグ、チャド・レーン、セヴリーヌ・エレル、ダレン・サッグ、クリス・ファーガソンの各氏に謝意を表します。また、この本を書くきっかけを作り、完成にこぎつけるまでのあいだ辛抱強く待ち続けてくれたエレノア・テイラー氏にもお礼を申し上げます。テイラー氏にはいろいろとお世話になりましたが、とくに執筆の終盤、コロナウイルスが猛威をふるい、集中を保つことがきわめて難しくなった状況でのお力添えにはとても助けられました。それから、親しい友人や家族には支えてもらってばかりなので、ここでお礼を言わせてください。いつもありがとう。最後になりましたが、UX、心理学、ビデオゲームについて私と話してみようと思ってくださったみなさま、そしていまこの文章を読んでくれているあなたに感謝を捧げます。

目次

ビデオゲームと人間の脳

ビデオゲームで遊ぶ、映画を観賞する、人の話を聞く、仕事をする、本を読むなど、私たちはそうした日常の活動をすべて**心の中**で体験しています。この「心」という言葉は、脳（と体）のはたらきから生まれる、注意や記憶などの精神過程を指しています。したがって、ゲームをおもしろくする要素を心理学的に理解するには、第一に脳のはたらきについて考える必要があります。厳密に言えば、心と脳は完全に同じではないのですが、この本ではその細かな違いを扱わないので、「脳」と「心」を互いに置き換え可能な言葉として使います。

まず前提となるのは、脳はきわめて複雑で、未解明の部分が多く残っているということです。以降では、人間の脳について現時点でわかっている内容の一部を簡略化して説明します。

心を対象とする科学研究は「認知科学」と呼ばれ、心理学や神経科学、コンピューターサイエンスなどの分野に分かれています。認知科学の研究が進んだおかげで、脳が情報を処理して学習する過程を全体的に把握することができるようになりました。図 1.1は、その内容を非常に簡単に表現したイラストです。

実際には、個々の精神機能が独立しているわけではありませんが、この図を見れば、人が情報を処理するときに脳内で起きていることを大まかに把握できます。この「処理」は通常、私たちがさまざまな感覚を通じて、環境からの刺激（入力）を知覚することから始まります。そして、脳内でシナプス（ニュー

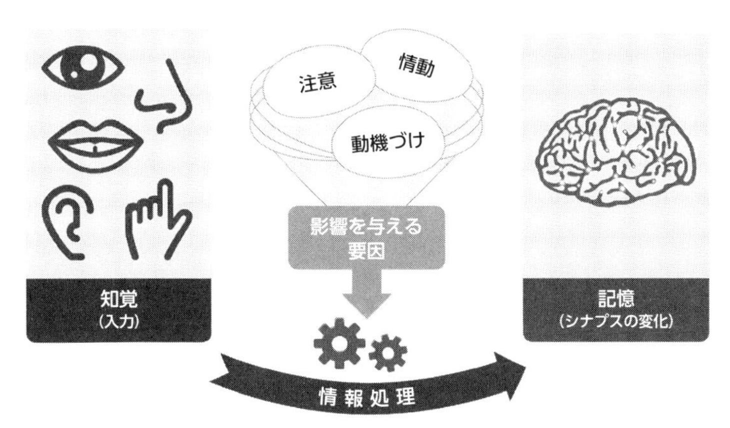

図 1.1　脳の学習と情報処理についての簡略図
（出典：Hodent, 2017）

ロン間の接合部）に関する変化が起きて（たとえば新しいシナプスが形成されて）、記憶が変容することで終わります。

つまりビデオゲームをすると、脳内で「配線がつなぎ直される」のです。ただし、これはどんな日常活動でも同じで、この説明を読んでいるときにも起きています。なぜなら、脳の配線は最初の位置で固定されておらず、順応性があるからです。脳は絶えず変化する環境を知覚し、環境との間で相互に作用しながら、その結果に基づいて自己調整を加えるというわけです。こうした「脳の可塑性」は、私たちの適応と生存を可能にします。

知覚から記憶までの過程では、複雑な処理が行われ、多くの要因による影響を受けます。なによりもまず、注意のレベルは情報処理の質、ひいては学習の質に大きく影響します。たとえば、会議中に同僚が緊急のメッセージを送ってきて話に集中できない場合は、しっかりと話者に注意を向けて聞く場合に比べて、理解度が低下するでしょう。またこの注意も、動機づけや情動の影響を受けます。情報処理に影響する要因はほかにもありますが、以下ではこれまでに挙げた要因について説明します。

それでは、知覚、記憶、注意、動機づけ、情動をそれぞれ簡潔に説明し、脳が情報をどのように処理しているかを大まかに示して、その主な限界をみていきます。説明の都合上、ひとつずつ順番に取り上げますが、これらは個別に交替で機能するわけではありません。そもそも、脳はコンピューターのように情報を「処理」したりしません。脳はコンピューターではないからです。

このあとの説明ではコンピューター関連の用語をいくつも使いますが、それは身近な言葉で脳の機能を理解するのに便利だからです。本当のところを言えば、脳は生きている器官であり、複雑すぎて完璧には理解できません。皮肉にも、私たちの脳は自身の複雑さを完全に理解できるほど優れてはいないのです……。でもまあ、それはそれとして進めていきましょう。

知覚

私たちは現実をありのままには知覚していません。知覚はあくまでも心が主観的に作り出すものです。知覚はまず、知覚情報（感覚）を得るところから始まります。つまり、感覚細胞で刺激を受け取ることが発端です。学校では、人間には五感（視覚、聴覚、嗅覚、触覚、味覚）があると習いますよね。でも、本当はもっと多くの感覚を私たちは備えています。たとえば、温度や痛みを感じたり、空間内で自分の体を感覚的にとらえたりすることができます。視覚を例にとると、星を眺めること自体は物理的です。空間周波数、輝度、方角などの情報を観測しているわけですから。脳はそうやって見た情報を整理して、そこに意味を見いだします。

自然界で人間が生き残るには、身の回りの状況をすばやく理解して、なにか危険があれば瞬時に察知しなければなりません（安全第一、さもなくば死です）。脳は強力なパターン認識能力を備えていて、ときには存在していないパターンを見て取ることもあります。北斗七星がひしゃくの形に見えるなんていうのは、その一例です。このように知覚というのは、心の中に意味のある像として外の世界を描きだす過程のことです。さらに、そうやって夜空にひしゃくを見つけたら、それがおおくま座の一部だと理解することができます。これが「認知」です。つまり、知識に結びつけて理解することです。

まとめると、感覚は物理的な情報を感じること、知覚はそこから意味のあるパターンを作ること、認知は意味（知識）をつかむことです。これらは、常にこの順番（ボトムアップ）で進行すると思われがちですが、実際にはトップダウンで進むケースがとても多く見受けられます。つまり、外界についての知識である認知が知覚に影響を及ぼすのです。

図 1.2 「保存」アイコンに使われるフロッピーディスクの絵

たとえば「保存」アイコンに、よくフロッピーディスク[1]の絵が使われていますよね（図1.2）。20世紀にフロッピーを使っていた世代の人なら、このシンボルはすぐに理解できるはずです。でも、フロッピーディスクが使われなくなった後（のち）の世代の人は、この変なアイコンが表しているものを学ばなければわかりません。入力（刺激）が同じでも、事前の知識、期待、文脈、さらには文化が違えば、それぞれの人がもつ知覚も異なりま

1 訳注：データを記録する媒体。パソコンに接続した専用装置（ドライブ）に挿入して、データを保存したり読み込んだりする。

す。私たちは現実をありのままに知覚していません。知覚は心が**作り出すもの**です。だから、ほかの人がなにかを自分と同じように知覚していなくても、驚くことはありません。

記憶

記憶は、情報を符号化して、保管し、のちに思い出すまでの過程です。情報の符号化は「作業記憶（ワーキングメモリ）」という種類の記憶を使って行われます。作業記憶は短期記憶であり、一時的に（最長で数分間）情報を保管して、同時にその情報を処理することができます。この本にもあるような長文を読むときは、情報を作業記憶で処理する必要があります。つまり、読んでいる言葉を記憶にとどめておきながら、その意味を理解しなければなりません。暗算をするときや仕事で問題を解くとき、ビデオゲームをするときなどにも、これと同じ能力が求められます。

普段、私たちが作業をするときは、通常は作業記憶を記憶システムとして使用します。作業記憶は情報の処理や符号化に不可欠ですが、その容量はとても限られています。そのため、人は一度にたくさんのことを処理できません。たとえば、暗算で57＋34はできても、817×957はかなり難しいですよね。これは作業記憶にとどめておく必要のある項目（この場合は数字の桁）

が多すぎるからです。作業記憶の容量は成人でも大きくなく（同時に保持できるのは3～4項目ほど）、子どもの場合はさらに小さくなります。また、暗算をしながら足で特定のリズムを刻むといったように、別の課題を並行してこなそうとして、自分の脳にがっかりすることも少なくありません。人はマルチタスク（同時並行作業）が苦手なのですが、この事実はよく見落とされます。

作業記憶は「実行機能」の世話もしています。このはたらきにより、私たちは注意資源を制御してやりくりしながら、推論を立て、決定を下し、複雑な認知的課題に取り組んでいます。マルチタスクは、1つの作業に専念するときのような効率ではこなせません。もちろん、よく知っている歌を口ずさみながら歩く場合のように、注意資源をそれほど必要とせず、ほとんど自動的にできる作業を並行するのであれば、マルチタスクでも問題ないでしょう。しかし少なくとも一方の作業に多くの注意が必要になる場合は、注意を分散させると、1つの作業に集中するよりも個々の作業に時間がかかり、誤りも多くなりがちです。

実のところ、マルチタスクといっても、同時に複数の作業を進めているというよりは、注意を切り替えながら個々の作業を進めていることがほとんどです。この意味で、効率的なマルチタスクというのは神話のようなものです。料理中に赤ちゃんが泣いたのであやしていたら、ゆで卵を作っていたことを忘れてしまい、鍋のお湯がなくなって卵を爆発させてしまった経験はありませんか。あるいは、帰宅してあれこれしているうちに、鍵をどこに置いたか忘れてしまったとか。それでも特に害のない作業であれば（テレビを見ている友達にテキストメッセージを送るなど）、同時に複数の作業に注意を分散させたことで効率が落ちても、たいていは気づきません。しかし車の運転のように、注意を分散させてはならない活動をしながらマルチタスクを試みると、大変なことになる可能性があります。注意とその限界については、次の節で詳しく説明します。

記憶の構成要素としてもうひとつ、長期記憶についても説明します。長期記憶は、作業記憶によって処理されたあらゆる種類の情報を保管します。長期記憶の限界はいまのところ不明です。つまり、人間の脳がどのくらいの情報を覚えていられるのかは、よくわかっていません。でもだからと言って、情報を忘れないなんてことはなく、忘れます。要するに、すぐに忘れてしまうこともあるけれど、生涯ずっと覚えている記憶もあるわけです。しかも、脳の「ハードディスク」を「消去」して容量を空けなくても、新たな内容を学習することができます。脳はコンピューターではないので、新しい情報を学習し続け、ずっと覚えておくことができる可能性を秘めています。

長期記憶には主に顕在記憶と潜在記憶という２つの構成要素があり、それぞれが保管する情報の種類は異なります。顕在記憶は「宣言的記憶」とも呼ばれ、意識的に思い出せて、言葉で表す（陳述する）ことができる情報を取り扱います。これには、世界についての一般的な事実（ヨーロッパの国の首都名など）や、個人が体験した出来事（昨夜したことなど）の記憶などがあてはまります。これとは対照的に、潜在記憶の多くは、自転車に乗る、車を運転する、ダンスをする、絵を描くなどの行動に関係します（手続き的記憶）。潜在記憶は総じて、顕在記憶より強固であるようです。事実や出来事に比べると、いったん習得した自転車の乗り方や車の運転のほうが、普通は長く忘れずに覚えています。そのため、車両右側通行のニューヨークに住む人が左側通行のロンドンに行くと、交差点でまず右を確認するという動作に慣れるまでに少し時間がかかります（逆のケースも同じ）。習慣はなかなか直らないというやつですね。自動的な行動に逆らうのは至難のわざで、それほど体で覚えたこと（手続き的記憶）は強いということです。

潜在記憶は条件づけられた反応にも関連します。条件づけとは、時間とともに2つの刺激が結びつくことで潜在的に行われる学習の一種です。パブロフの犬は、ベルの音とエサの提示を結びつけることを学習し、その結果、ベルの音を聞くと条件反応として唾液を流すようになりました。これは古典的条件づけという学習で、パブロフ型条件づけと呼ばれることもあります。

また別の種類の条件づけに「オペラント条件づけ」と呼ばれ

るものがあります。この条件づけは、ある刺激を受けた後に特定の行動をとると報酬がもらえる（または罰を受ける）という形をとります。たとえば、車を出発させようとして警告音が鳴ったら、シートベルトを締めることでそのうるさい音を止められる、と私たちは学習して知っています。小学校で習う掛け算の九九も、この種の条件づけを通じた学習の一例と言えるでしょう。つまり「三六（さぶろく）」と問われて「18」という数字が即座に浮かぶようになるまで、こうした語呂を繰り返し学習して、正しい答えを身につけるというわけです（正しく答えたら、報酬としてほめてもらえます）。条件づけについては、本章の動機づけに関する節でも言及します。

人間の記憶は複雑で魅力的です。その限界としてまず挙げられるのは、時間がたてば情報を忘れるということです。19世紀にドイツの心理学者ヘルマン・エビングハウスは、ある実験を通じて人の記憶の限界を研究しました。その実験では、エビングハウスが自ら、ほかの言葉と似ていない無意味な音節（「LEV」や「ZOF」など）のリストを見て、暗記するという課題に取り組みました。そして、しばらくしてからそれらの音節を思い出してみて、時間が経過した後にどのくらい思い出せるかを調べました。その結果をまとめたものが図1.3です。ほんの20分後でも、エビングハウスは学習した内容のおよそ40%を忘れていて、1日たてば、ほぼ70%を忘れていました（Ebbinghaus,

1885)。この結果は、現代の私たちにも通じています。無意味なものを覚えても、普通は1日やそこらで70%を忘れてしまうものなのです。

どうかあなたが今日読んでいるこの本の内容を、明日30%以上は思い出せますように。ちゃんと内容があれば（そのつもりで書きました）、それくらいは覚えているはずなので。ともかく、この「忘却曲線」は最悪のシナリオ（無意味な内容の学習）の場合ですが、私たちの記憶はまちがいを起こしやすいという点は押さえておくべきです。

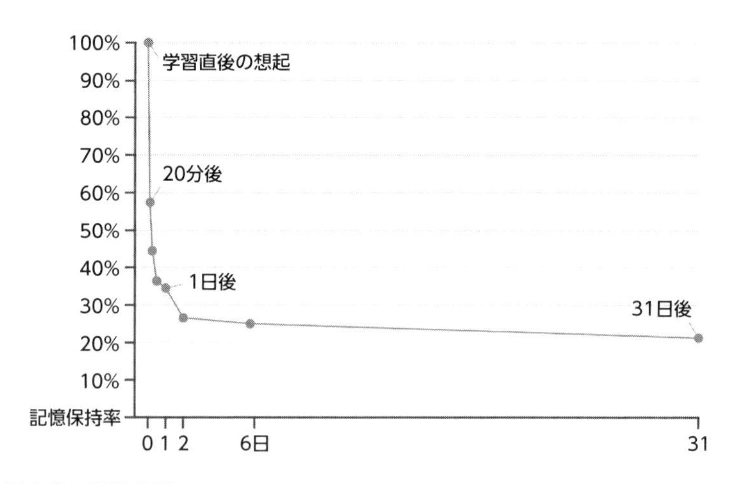

図 1.3　忘却曲線
(Ebbinghaus, 1885をもとに作成)

時間がたてば、人はたくさんの情報を忘れてしまうだけでなく、記憶の内容が変化することもよくあります。なかでも宣言的記憶（事実や体験した出来事）として保管されている情報は、変化しやすいことが知られています。それどころか、人は実際には起きていない内容の記憶を思い出すことさえあります（偽記憶バイアス）。ちょうど認知が知覚に影響を与えるように、記憶も認知の影響を受けるのです。

知覚を心の構成物とみなすのであれば、記憶は**再**構成されたものということになります。記憶はテープレコーダーのようなものではなく、常に情報を符号化、復号化[2]、再符号化するはたらきなので、その間に多数のエラーやバイアス[3]が入り込む余地があります。

ロフタスとパーマーが目撃者の証言の信頼性を調べた研究（Loftus and Palmer, 1974）によると、質問のしかたが変わるだけで、人が思い出す内容に変化が生じることがあります。この研究では、参加者に自動車事故のビデオを見せました。参加者を2つのグループに分け、片方のグループには「車どうしがぶつかった（hit）ときの走行速度はどのくらいでしたか」と質問して、記憶をもとに推定してもらいました。もう一方のグループには、基本的には同じですが、動詞だけを入れ換えた質問をしました。「車どうしが衝突した（smashed）ときの走行速度はどのくらいでしたか」という質問です。質問に使われた動詞

2　訳注：知覚から入ってきた情報を記憶として覚える過程を符号化、記憶から元の情報を復元して思い出す過程を復号化という。

3　訳注：客観的には必ずしも正しくないのに、思い込みなどによって、偏った思考や記憶を無自覚にもってしまうこと。

（「ぶつかった」対「衝突した」）が異なると、参加者が（ビデオの内容を思い出しながら）推定した車の速度も異なりました。「衝突した」条件の参加者は平均すると時速 17km と回答したのに対し、「ぶつかった」条件の参加者が回答した速度はそれより遅い時速 13km で、統計的に有意な差がみられました。その 1 週間後、同じ参加者に対して、今度はビデオを見せずに、事故のシーンに壊れた眼鏡が映っていたことを覚えていますかと質問しました（実際の映像に眼鏡は映っていない）。すると「衝突した」条件の参加者で、壊れた眼鏡を思い出したと誤って回答した人の数は、「ぶつかった」条件の参加者の約 2 倍でした。ひとつの言葉が記憶に与える影響がこれほど大きいとなると、目撃者（や、あらゆる人）の記憶はどこまで正しいのかという疑念が生じます。またこの結果から、調査に用いる質問を作成するときは、偏った回答を導かないように注意しなければならないことがわかります（たとえば、誘導尋問は避けるべきです）。

ほかの脳機能と同じく、人間の記憶はすばらしいはたらきをする一方で、大きな限界も抱えているので、そのことは気に留めておく必要があります。人は情報を忘れますし、覚えていることも改変されているかもしれません。記憶のはたらきを改善する方法のひとつは、作業記憶で情報を処理するときに注意を集中させることです。情報を深く処理すると、長期記憶によく定着します。能率的な記憶は、情報を入念に符号化することから始まります。そのため多くの場合は、実践を伴う学習のほうが、読むだけの学習より効果的です。なぜなら、なにかの行動に取り組むときは、情報処理がいっそう深くなることが多いからです。そういうわけで読者のみなさんには、この本で学んだことを自分の言葉で、ほかの人に説明してもらいたいと思います。誰かに説明するときは深いレベルで情報を扱うので、そのぶん記憶に残りやすいのです。

注意

注意とは、私たちの感覚器に継続的に届く刺激のうちの少数にのみ、情報処理資源を集中させることです。先の記憶の節では、作業記憶での情報処理に注意を向ける必要があることを説明しました。

注意には、能動的な（トップダウンの）注意と受動的な（ボトムアップの）注意があります。能動的注意は、この本を読むときのように、特定の課題に注意を向けることで制御される過程です。これに対して受動的注意は、環境内の要素が注意反応を引き起こすことで生じる過程です。たとえば、本を読んでいると、急にパートナーがなにかを問いかけてきたので、そちらに注意を向けた、といったケースです。

注意は、選択的（集中している状態）か、分割的（一般にマルチタスクと呼ばれる状態）かに分けることもできます。人は特定の作業に集中する（選択的注意を向けている）ときに、関係のない情報をすべて排除します。たとえば、騒がしい職場で同僚の話に耳を傾けるときは、それ以外の周囲の会話をシャットアウトしています。そのとき、ふいに誰かがあなたの名前を口にしているのが聞こえてきて、それが上司の声だったとします。こんな状況に置かれたら、同僚の話と上司の話を同時に聞きたくなるのではないでしょうか（分割的注意）。しかし、作業記憶の限界について説明したときと同じように、一度にふたつの話を聞こうとしても、うまくはいきません。おそらく上司がなにを言っているのか気になって、同僚の話にうまく応じられず、そのうちどうも変だと感じた相手に「聞いてる？」と言われてしまうでしょう。

人はマルチタスクがとても苦手ですし、複雑な作業や初めてする作業、もしくはその両方にあてはまる作業となると、多くの注意資源が必要になるので、なおさらうまくできません。またそれゆえに、作業に集中していると周囲に注意が向きにくくなり、驚くようなうっかりミスをしてしまうこともあります。電車で読書に夢中になって降りる駅を乗り過ごしたり、ビデオゲームに没頭してパートナーが話しかけてきているのに気づかなかったり、仕事に集中していたらいつのまにかオフィスに自分しか残っていなかったり。こうした状態は、心理学では「非注意性盲目」と呼ばれ、非常に強力な現象として知られています。

知覚や記憶と同様に、注意も認知の影響を受けます。慣れた活動に取り組むときは、不慣れなことをするときに比べると、そう簡単に気が散ったりしないものです。車の運転を練習するときのように、作業の訓練を続けていると、やがてあまり注意しなくてもその作業をこなせるようになります。たいして意識せずに手足を動かし運転できるようになると、その分の注意資源を使って走行する道順を考えることができます。

人の注意はとても限られているのですが、私たちはそのことになかなか気づきません。注意は情報処理に欠かせない有限の資源なのだ、と考えるようにしましょう。この資源をすべてひとつの作業にだけ割り当てられるなら、それが理想的です。いくつかの作業に資源を分割すると、ほとんどの場合は効率が低下します。限度を超えた情報量を一度に処理しようとしたり、すごく難しい課題に取り組んだりすると、過度の「認知負荷」がかかって学習に悪影響が出ることがあり、自分ではこうした限界に気づかないこともたびたびです。

注意資源は有限で不足しやすいと考えておくことは大事であり、記憶の保持に役立つほか、全体的な成績を上げることにもつながります。この認識は特に教育面で大きな意味をもちます。学生のみなさんが効率よく学習したいなら、一度にひとつのことに集中するべきです。きっといいことがありますよ。

✚ 動機づけ

動機づけは人の行動を引き起こし、達成に向けて持続させる重要な過程なので、しっかり理解してください。動機づけを伴わない行動はありません。なにも動機がないのに、この本を読んでいる人はいないでしょう。扱われている話題に興味があるとか、誰かに読むように言われた（本書の校正者のみなさん、ありがとう）とか、なにかあるはずです。動機づけは非常に重要です。なぜなら一般に、ある活動を行うことに対する動機づけがあると、人はその活動に多くの注意を払い、問題をうまく解決し、効率よく情報を保持するようになるからです。しかし、人間の動機づけに関する理論は数多くあるものの、すべての行動を説明できる理論はまだありません。

そこで話をシンプルにするために、興味深い内容を含む2種類の重要な動機づけに絞って説明します。すなわち、外発的動機づけと内発的動機づけです。外発的動機づけによって、人は外部にあるものを獲得する（報酬を得る）ために行動を起こします。また、内発的動機づけによって、人は外部にある報酬を得るためではなく、自分の喜びのために行動を起こします。以下では、これら2種類の動機づけについて詳しくみていきます。

外発的動機づけは、環境がどのように人の行動を形成するかという点に関係し、行動心理学で広く研究されています。私たちの日常的な行動は、外界から受け取る報酬（お金を稼ぐ、賞をとる、ビデオゲームでアイテムを得るなど）や「罰」（お金を失う、失敗する、痛みを感じるなど）により影響されます。すでに説明したとおり、これはオペラント条件づけと呼ばれる現象で、刺激と報酬の結びつき（ある刺激に対して適切な行動をとると、報酬が得られる見込みが大きいこと）を学習する過程です。たとえば、好きなお菓子の自動販売機を見たときは、この機械にお金を入れて適切なボタンを押せば、取り出し口にお菓子が詰まらないかぎり、ほぼ確実にうれしいことが起きると想定できます。

報酬は遅れて手に入ることもあれば（たとえば、学校で数学の問題を解いたら、数日後に教授がいい評価をしてくれた）、即座に得られることもあります（たとえば、同じ数学の問題をオンラインプラットフォームで解いたら、すぐに合格バッジがもらえた）。行動から報酬までの時間が短いほど、それらの関連性は効率的に学習できます。

条件づけは人間やほかの動物にとってありふれた過程であり、それぞれの個体が快を求めつつ、不快を避けながら生きていくうえで役立っているのですが、近頃の世の中では評判が悪く、誤解が広まっています。その主な原因は、20世紀中盤にオペラント条件づけの研究を数多く実施した、悪名高き行動心理学者のＢ・Ｆ・スキナーにあります。スキナーはよく実験にオペラント条件づけを行うための箱を使用していました。現在は「スキナー箱」と呼ばれているこの箱は、実験時に動物（通常はラットやハト）を入れておくもので、エサを出す装置とレバーを備えています。特定の刺激（ライトの点灯など）が起きた後にラットがレバーを押すと、エサが１粒出てきます。スキナーは、ラットの特定の行動に報酬を与えると、その行動が増える（つまり、正しいレバーを押したときにエサを与えると、そのレバーを押す回数が増える）傾向があることを発見しました。さらに、特定の行動に罰を与える（誤ったレバーを押したときに電気ショックを与える）と、その行動が少なくなる傾向があることも明らかにしました。人間の脳はラットの脳よりも複雑ですが、この結果は人にも通じるものとして一般化されています。

「道具的学習」とも呼ばれる条件づけは、それ自体が物議をかもしているわけではありません。条件づけは単に、人が望まない結果をいかに避けて、気になる報酬をいかに多く獲得するかを効率的に学習する方法です。こうした道具的学習には確かに多くのメリットがあり、20世紀に教育、軍事、仕事に関係する分野でさかんに利用されてきました（現在でも多用されています）。

しかしこの考え方は、直接観察できない重要な学習の要素（注意や記憶など、認知心理学で研究される精神過程）を検討していないという指摘や、過度の行動主義は望ましくない副作用をよく見落とすという指摘を受け、広範囲にわたって批判されることにもなりました。たとえば、罰はストレスや攻撃性を誘発する

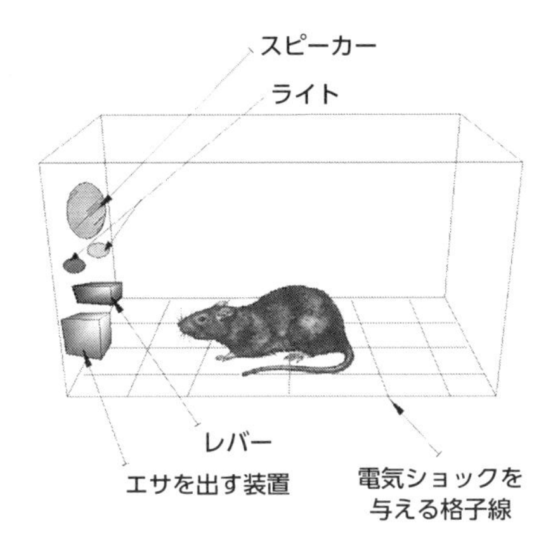

図 1.4　スキナー箱
(出典：Wikipedia の AndreasJS による画像から派生、CC BY-SA 3.0)

ことがあり、最終的には学習に害をもたらしかねません。当然のことながら、ストレスや不安は健康に悪影響を及ぼすおそれがあります（ラットにも人にもです）。

スキナーは、科学の名の下に、実験室でかわいそうなラットやハトに体罰を加えて苦しめていました。しかし体罰や他の種類の罰を与えるよりは、反対の行動に報酬を与えて学習させるほうが効果的です。たとえば「気候変動で大変なのに、大きなステーキを食べるとは何事だ」と罪悪感をもたせるよりも、菜食主義の食事を選択したことをほめるほうが有効です。体罰は受ける側の幸福を大きく損なう行為であり、明らかに耐えがたいことです。だから、人は一般に、特定の行動（課題の達成）によって報酬がもらえる（少なくとも罰を受けない）場合のほうが、罰を受ける（あるいは報酬がもらえない）場合よりも、その行動を多く行うようになります。これが外発的動機づけの概略です。しかし、人間は機械でもラットでもないので、常に外発的な報酬を最大化するように行動するわけではありません。

内発的動機づけは、なんらかの活動や作業の外部にあるものを得るためではなく、その活動自体が喜びになるタイプの動機づけです。別にお金にならなくても、文章を書いたり、絵を描いたり、音楽を奏でたり、数学の問題を解いたりするのが好きな人はいますよね。ゲームをプレイすることは「自己目的的な」活動なので、根本的には内発的な活動です。プロとしてゲームをする場合（従来のスポーツやeスポーツなど）や、誰かを楽しませるためにプレイする場合（子どものかくれんぼにつきあわされている場合など）を除くと、ゲームをプレイすること自体に目的が含まれています。

内発的動機づけを理解するための代表的な枠組みに「自己決定理論」（SDT：self-determination theory）があります。この理論によると、人はある活動が自分の有能さ、自律性、関係性に対する欲求を満たす場合に、内面から意欲がわいてきて、その活動に取り組みたくなります（Ryan and Deci, 2000）。

まず、有能さは物事をコントロールしている感覚や自分が進歩している感覚に関係します。新しいスキル（ピアノの弾き方など）を学んでいるときに、たびたび自分の進歩を実感できれば、それが励みになるでしょう。しかし進歩が確認できなければ、有能さが感じられず、やる気をなくすかもしれません。次に、自律性は自己表現と有意義な選択を行うことに関係します。仕事をするなら、目標を立てて、それにどう到達するかを自主的に決定できる場合のほうが、通常は意欲的に取り組むことができます。最後の関係性については、人間は非常に社会的な動物なので、チームの一員であることを意識するときのように、他者との密接な関係を感じる必要があると言えます。

内発的動機づけは非常に強力ですが、自主的にやる気を感じて取り組んでいる活動に外発的な報酬が設定されると、やる気がそがれることがあります。これには多くの要因が関係しますが、報酬によって有能さや自律性、関係性の感覚が抑制されるケースが少なくないようです。どんなに自分の仕事が好きだとしても、給料が振り込まれてなかったらイヤになりますよね。あるいは、昇給したときには、外部から報酬を獲得したと感じるだけでなく、自分の能力（有能さ）が向上したから給料が上がったという感覚にもなります。このように、内発的動機づけと外発的動機づけは並行して発生するので、明確に区別することは容易ではありません。

ビデオゲームとの関連から、動機づけの節で最後にみておきたい理論は「フロー理論」です。「フロー」とは、人が自分にとって有意義な内発的に動機づけられた活動に完全に没頭し、深く集中している状態のことです。「人が困難だが価値のあることを達成するために、自発的に肉体と精神を限界まで使って取り組む」（Csikszentmihalyi, 1990, p. 3）ことで体験する最適な状態と説明されています。この概念を提唱した心理学者のミハイ・チクセントミハイによれば、フローは私たちが幸せになるための鍵になります。なぜなら、フローのような最適な状態を頻繁に体験している人は、とても幸せでいられるからです。

ほかにも数多くの動機づけ理論があり、潜在的動機づけ（人間の生物学的特性に根ざした衝動）や性格に関連する動機づけといった別の種類の動機づけも存在します。このことからもわかるように、動機づけは非常に複雑であり、人の行動の理由はうまく理解できないのだということに留意してください。

情動

情動とは生理学的な覚醒状態（心拍数の上昇や手のひらの発汗の増加など）のことであり、関連する認知（知識）などが伴う場合もあります（恐怖の感覚など）。これもまた複雑なトピックであり、情動がどのように働いて私たちにいかなる影響を及ぼすかは、ほとんどわかっていません。

情動をつかさどる脳の部位としてまず挙げられるのは「大脳

辺縁系」で、これには視床下部、海馬、扁桃体などが含まれます。危険が差し迫ったときのように、戦うか逃げるかを選択しなければならない状況では、視床下部がホルモン（アドレナリンやコルチゾール）の分泌を調節し、覚醒度を上げて筋肉を緊張させます。それと同時に、扁桃体と海馬が状況を「特定」し、記憶として「保管」されている過去の出来事に照らし合わせて、今回の出来事の保管を助けます。そうすることで、以降は同じような危険を効率よく避けられるようになります。ちなみに、ここでは脳内のプロセスを単純化して説明しています。

多くの場合、人の情動は生き延びるために状況を判断し、適切な決定をするうえで役立ちますが、その一方で私たちに合理的でない決定をさせることもあります。例を挙げて考えてみましょう。次のように提案されたら、どうしますか。

・10％の確率で 95 ドルもらえますが、90％の確率で５ドル失うという賭けをしませんか？

この賭けに乗るかどうかを決めたら、次の提案を検討してみてください。

・10％の確率で 100 ドルが当たりますが、90％の確率で何も当たらない宝くじを５ドルで買いませんか？

あなたはどちらの提案に乗りたいでしょうか。両方でもかまいません。もし乗るとしたら、その理由はなんですか。2002年にノーベル経済学賞を受賞した高名な心理学者のダニエル・カーネマンは、大きな影響を与えた著書『ファスト＆スロー』（Kahneman, 2011）のなかで、人は損失を強く嫌うので、最初の賭けよりも2番目の賭けのほうが受け入れられやすいと説明しています。というのも、最初の提案は5ドルの損をする可能性があると聞こえるのに対して、2番目の提案は5ドルを支払いとしてとらえる形になっているので、損失の痛みが少ないのです。

人の脳にはいろいろなバイアスがあるので、合理的でない行動をいつも情動のせいにするわけにはいきません。その証拠にカーネマン（と共同研究者のエイモス・トベルスキー）の研究は、人間が「認知機構のデザイン」に大きく左右され、そのしくみに即したエラーを多発することを明らかにしています。また、心理学と行動経済学のダン・アリエリー教授も、著書『予想どおりに不合理』（Ariely, 2008）で同様の見解を示していて、人のバイアスやミスは確実に予測できるくらい系統的に発生することが多いと述べています。

私たちの情動は、快を求めて不快を避けるという形で（ときには有害な方向へと）行動を導きますが、その一方で認知が情動に影響を及ぼすこともあります。たとえば、評判のいいおしゃれなレストランで美しく盛りつけられた料理が出てきたら、普通はかなり期待しますよね。仮に同じ料理であっても、そうした状況で食べたほうが、仕事机で紙皿に盛って食べるより心地よく感じるはずです。

このときに行われているのは「評価」（価値を判断すること）です。期待や美意識が高まると、評価はよくなります（のちに期待が裏切られることが明らかでなければ）。

この章のまとめ
脳はどのように機能しているのか

この章の目的は、ビデオゲームの心理学を学ぶための基礎知識として、脳の機能についての概要を説明することでした。ビデオゲームの体験は（ほかと同様に）心で起こることなので、この章で述べた基礎知識は、かなり簡略化されているとは言え、以降の章で説明する内容の重要な土台になります。

まとめると、人は情報を処理して学習するときに、通常はまず、環境から入ってくる刺激を知覚します。次にこの情報を作業記憶で処理しますが、そのときに注意資源が必要になります。その後で、長期記憶に情報を「保管」します。特定の作業に対する集中（注意）、作業を進めるための動機づけ、そのときに伴う情動などの要因は、情報の処理と長期保管に影響を及ぼすでしょう（ここで挙げていない要因もあります）。

繰り返しになりますが、脳はきわめて複雑です。私たちはまだ、脳の表面をなぞった程度のことしか理解しておらず、ほとんどの部分は謎に包まれたままです。だから、脳に関する刺激的な文句を見かけても、すぐには飛びつかないでください。カール・セーガン[4]が言うように、「普通でない主張には、並々ならぬ証拠が必要」です。

4 編注：ニセ科学の批判でも知られるアメリカの天文学者、作家、SF 作家。

世間には「人間は脳の10％しか使っていない」とか「右脳のはたらき対左脳のはたらき」とか「報酬をもらうと依存性のあるドーパミンでハイになる」といった根拠のない通説がたくさん広まっています。でも、これらの主張は誤りである（たとえば、私たちは脳全体を使っているので、最初の例は正しくない）か、ひどく誇張されていて正確とは言えないかのどちらかです。どんな活動でも、右脳と左脳は共同で働いているので、右脳が「創造的」で左脳が「分析的」だというのは正しくありません。また、ドーパミン（や、ほかの脳内化学物質）には多くの目的（運動を行うのに不可欠であるなど）があり、予想していた報酬を獲得したときではなく、予想外の報酬を手に入れたときに多く分泌され（そして「ハイに」なり）ます。なので、報酬を受け取ってもそれが想定外でなければ、ドーパミンは急速には分泌されません。少なくともこのことは、ドーパミンについての確かな事実です。

脳内化学物質のはたらきは、脳に関するあらゆる物事と同じく、きわめて複雑です。脳は魅力的で日々なんらかの発見がありますが、多くの「脳神経に関する迷信」も蔓延しているのです。

第2章

ゲーム
ユーザー体験

ビデオゲームの制作に、どうやって心理学を使うのでしょうか。この問いに答えを出す前に、もう少し回り道して、「ユーザー体験」または「人間中心設計」について学ぶ必要があります。

ヒューマンファクターと人間工学

ときは第二次世界大戦の時代にさかのぼります。当時は熟練のパイロットでも、飛行機の操縦中に、普通なら避けられるはずの致命的なミスを犯してしまうことがありました。戦争という厳しい状況下にあって、パイロットが出力制御装置と脱出レバーを取りちがえたとか、車輪を出すはずがフラップを下げてしまったなんて都市伝説が残っています。

その頃に主流だった考え方は、技術者を中心としたアプローチで戦闘機などの機械を作るというものでした。つまり、工業的に作業を進めやすくするための発想です。そうやって作られたシステムに合わせて、人間が訓練を受けることが求められました。その結果、戦闘機であれば、機体の種類ごとにコックピットが異なり、制御装置は問題を誘発する構成になっていました。そのせいで、高度な訓練を積んだパイロットでさえ、大きな損害につながるミスを犯すことがあったのです。

その後、考え方が変わり始めました。人間が機械に合わせて操作をする代わりに、人間の能力や動作、限界などを考えて機械を設計しようという発想が生まれてきたのです。そうして「人間中心設計」の手法がさかんに使用されるようになりました。

人間中心のテクノロジーを開発するには、ヒューマンファクター（人間側の要因）を扱う心理学や人間工学（エルゴノミクス）[1]が必要になり、そのほかにも生理学など、いくつかの学問分野が関係します。このアプローチの主な目的は、簡潔に言うと、身体面（機械を操作するときの体の疲労など）と認知面（第1章でみた知覚、注意、記憶などの精神過程がもつ限界）を人間工学的に検討して、安全で使いやすい製品を作ることです。

コンピューターが一般家庭で使用され始めた1980年代に、ヒューマンコンピューターインタラクション[2]（HCI）という新しい分野が登場しました。HCIはデジタル環境を改善するための法則や原理を備えていて、ウェブサイトなどのデジタル環境を使いやすくするために利用することができ、ビデオゲームにも、まあ一応は、使えなくはありません。HCIの主な目的は、コンピューターのインターフェイス[3]やシステムを使いやすくて満足できる形にすることです。しかしHCIでは、ユーザーが製品を使うときのすべての体験を扱うわけではないので、ユーザーが最初に製品を知ってから、問題が発生してカスタマーサポートに連絡するまでの、いろいろなことが検討されません。

そうした事情を踏まえて、1990年代に著名なデザイナーの

1　訳注：人間の体や心の特性に合わせて道具や環境を設計するための学問。
2　訳注：人とコンピューターのやりとりに焦点を当てて理解を深め、使いやすい技術を開発することを目指す研究分野。
3　訳注：2つのものをつなぐ接点や境界面を意味する英語で、ここでは画面表示や操作方法など、人とコンピューターの間で情報を受け渡しする方式のこと。

ドナルド・ノーマン（大きな影響力をもつ『誰のためのデザイン？——認知科学者のデザイン原論』（Norman, 1990）の著者）は「ユーザー体験（UX：user experience）」という用語を提唱し、製品やそのエコシステム[4]（マーケティング、ウェブサイト、顧客サービスなど）にユーザーが関与するときの体験全般を考えるという方針を示しました。そのため、企業や開発チームのとる全体的なアプローチやグローバル戦略もUXに含まれます。

UXマインドセット

HCIは多くの分野が交わる研究分野ですが、それに対してUXはマインドセット[5]という表現がぴったりです。UXの考え方では、クリエイターは製品（とそのエコシステム）を開発する際に、なにをするにもクリエイターの視点を離れて、ターゲットであるユーザーの視点を取り入れます。ある意味「ユーザーのために戦う」のです。

UXアプローチでは、ユーザーが製品に接するときにどんな体験をするのか考えます。目標をたやすく達成できるのか、楽しく製品を使うことができるのか、といったことですね。なかでも、使いやすさ（ユーザビリティ）と使うよろこび（ドナルド・ノーマンの言う「エモーショナルデザイン」（Norman, 2005））に注目しますが、それだけではありません。人が製品やシステム、

4　訳注：生態系という意味の英語で、ここでは製品を取り巻く情報や活動のこと。
5　訳注：個人やチームが確立したものの見方や考え方。

サービスに関与するすべての道のりを検討します。最初にどうやって製品を知り、なにを期待するのか。リアル店舗やオンラインストアでどんな体験をするのか。製品を開封し、ダウンロードして、インストールするときになにを感じ、製品を使ってどういった経験をするのか。カスタマーサポートやコミュニティ管理者とのやりとりはどうなるか。UXアプローチでは、これらすべてを検討します。それゆえ、製品開発チームの誰にとってもUXは考える対象であり、社内の全員がUXのマインドセットを共有する必要があります。

近年、UXの概念が注目されるようになってきましたが、まだまだ誤解は絶えないようです。UXはもっと範囲の狭い「ユーザーインターフェイス[6]（UI）」と混同されることがあり、そのUIもまた、単にインターフェイスの見た目をよくするための概念としてしか理解されていなかったりします。

「UXデザイナー」という立場が知られてきたことはすばらしい変化ですが、私見では、この言葉がUXデザイナーの実際の仕事に関する混乱を生んでいます。この人たちの任務は、製品を使ったときの体験をデザインすることでしょうか。いいえ、ちがいます。前にも言いましたが、それは製品を使ったユーザーが心の中で体験するものだからです。明らかにそうした体験はデザインできませんよね。でも、体験の**ための**デザインなら可能です。つまり、ユーザーがシステムや環境に接した

6　訳注：画面表示や音、あるいはキーボードやコントローラーなど、人とコンピューターがやりとりするしくみや操作方法。

ときに特定の（そして良好な）体験ができるよう、意図的にシステムや環境をデザインすることはできるのです。そして、このようなデザインは関係者全員に責任があって、UXデザイナーだけの問題ではありません。UXデザイナーが手がけるデザインの多くはインタラクション[7]と情報アーキテクチャという、非常に重要な部分です。たとえばUXデザイナーは、飛行機のチケット購入システムはどういうふうに操作できると使いやすいか、あるいはなるべくスムーズで快適に購入してもらうために、どこにどんな情報を表示するかを考えます。そしてHCIの原則に従い、最初のスケッチを描いてプロトタイプを制作します。それから、ユーザーのフィードバックを参照してデザインに磨きをかけます。

知覚は主観的な感覚であり、ゆえに体験はデザインに宿るのではなく、ユーザーの心の中で起こります。なので、UXデザインは同じプロセス（「デザイン思考」とも言う問題解決型のデザインの方法論）を何度も繰り返して進めていきます。デザインを作成してテストし、その結果を踏まえて作り直して、またテストする。そうして目標の機能が完成するか、デザインチームの予算や時間が尽きるまで、これを繰り返すのです。

ユーザーリサーチャーは、製品の開発中やリリース後にテストを担当する専門職です。UXデザイナーの制作物だけでなく、ユーザーが知覚または操作する要素をくまなくテストします。

7　訳注：互いにやりとりして影響を及ぼしあうこと。相互作用ともいう。

この「ユーザーリサーチ（ユーザー調査）」という名前もまた、よく誤解されます。一見ユーザーに対する調査と思われがちですが、実際は製品についての調査です。ユーザーリサーチャーは、ターゲット層を代表する少数のユーザーを（多様性を考えて）サンプルとして選出し、そのデータを手がかりに製品の調査を実施します。この調査では、製品を使用している（またはエコシステムに接している）ターゲットユーザーが、制作側の意図した体験をしているか、支障も不足もなく便利で安全な体験を楽しんでいるかといった点を確認できます。もし、ユーザーの体験がそうなっていなければ、問題を明らかにして、その発生理由や効果的な修正方法といった重要ポイントを探ります。

UXマインドセットをもつことは、ビジネスではなく人間を第一に考えること。これはぜひ覚えておいてください。またそれゆえに、倫理的な要素を考えることも、UXアプローチには欠かせません。UXの文化を確立するには、製品開発部、サポートチーム、経営陣が足並みを揃える必要があります（企業の価値観や倫理規定を明確に定めるべきです）。質の低い製品を作ってしまい、誰も使ってくれず、経済的に続けられなくなるようではダメなので、UXアプローチはビジネス目標も含めて考えなければなりません。ですが、ビジネスやマーケティング、デザイン上の決定によって収益は増えても、ユーザーのメリットが軽視されることがあります。そうなってしまうと、UXマインドセットは損なわれ、失われてしまいます。

UXマインドセットをもつことは、ビジネス中心のテクノロジーではなく、人間中心のテクノロジーを作ることです。その根底にあるのは、製品がターゲット層に気に入ってもらえて、経済的にうまくいき、ユーザーを尊重することができれば、いずれビジネスの目標は達成されるという認識です。いわばWin-Win[8]の手法なのです。倫理的な側面については、第5章で詳しくお話しします。

要するにUXは製品やシステム、サービスを利用するユーザーのことを一から十まで考えるアプローチなので、提供側の全員がUXに関心をもつべきです。ユーザーがウェブサイトを見たりアプリケーションなどを使ったりしていて、必要な操作方法がすぐにわからないときは、UXに問題があります。製品を使いたいのに、手間どってなかなか使えないときも同じです。製品の使い心地に不満があってイライラするなら、それもUXの問題ですし、個人データが保護されていないとか、うっかり有料サービスに登録してしまいしぶしぶ料金を払う羽目になったとかで、ユーザーとして軽視されていると感じるときも、もちろんUXの問題が起きています。UX専門の担当者は、こうした事態の発生を予測し、科学的な方法（ユーザーリサーチ）で追跡しようと試みます。ほかの関係者全員と協力しながら、なるべく多くの問題を取り除くために、システム上の制約

8　訳注：自分にも相手にも利益があること。

や、限られた予算と時間、投入できるリソースの範囲内で対策を打ちます。それでも完璧なUXを提供できることはめったにないですが、UXマインドセットを念頭において、優先順位を定め、折り合いをつける必要があります。

ゲームユーザー体験：ゲーム制作を支える心理学

ゲームユーザー体験（ゲームUX）とは、ゲームに適用されるUXマインドセットです。ビデオゲームをはじめ各種のゲームは、ツールではないという点で、ほかの製品と少しちがいます。ビデオゲームは外部の目標に向かってプレイするものではなく、プレイ自体が目的になる、自己目的的な活動です。私たちはゲームを通じてシステムに働きかけ、その反応を楽しみます。なので、使いやすさを考慮することも大事ですが、遊んで楽しいという点がなんといっても欠かせません。プレイできるゲームがあっても、退屈でおもしろくなければ、それで遊ぼうとは思わないですよね。また、ゲームには引っかかりがないと楽しめないという点も、他の製品とはちがいます。好まれるゲームは、私たちの身体的または精神的なスキルに対する挑戦、知覚に対する挑戦、あるいは感情を揺さぶる展開などを含んでいます。私たちの知覚に挑んでくるゲームには、たとえばアストゥゲームズ（ustwo Games）の『Monument Valley』（図2.1）というパズルゲームがあります。このゲームは、同じく人間の知覚を試す作品を創作した画家、M・C・エッシャーの世界をベースにしています。また、長期記憶が試されるゲームといえば、モージャンスタジオ（Mojang Studios）の『マインクラフト』です。このゲームでは、プレイヤーが個別の手がかりやレシピを覚える必要があります。また、作業記憶や注意の力を要求する課題を投げかけてくるゲームもあります。たとえば、ゲームラボ（Gamelab）が制作した『Diner Dash』のような時間管理ゲームや、任天堂の『マリオカート』のようなレー

図 2.1 『Monument Valley』
© 2014 ustwo Games Ltd.

シングゲームなどです。

ゲームは思うようにいかない状況を作って、プレイヤーをいらいらさせることもあります。対戦して負けるとか、挫折を味わうとか、パズルや迷路で行き詰まるとか、よくありますよね。ゲームUXでは、ほかの製品のUXとちがって、プレイヤー（ユーザー）が不満や引っかかりを感じる箇所をしらみつぶしにはしません。ただし、意図的なデザイン**ではない**引っかかりは、探して対処します。このような特徴を除けば、ゲームUXは、アプローチ、原則、方法、理念の面で一般的なUXと変わりません。しかし、ゲーム業界ではとても新しい考え方です。2010年代初頭になってようやく、ゲームスタジオがUXについてまとまった意見を出すようになり、UX担当者を雇うようになりました。いまでもゲーム業界では、UXというと、開発プロセス後半のどこかで「実施する」方法と考えられていて、ゲーム制作全体ですべての関係者を導くマインドセットとは思われていません。それに、ほとんどの場合はUIデザインやUXデザインに限定されています。

ゲームUXに関する資料は一般的なUXに比べて少ないので、以下では私の見解とゲームUXフレームワーク[9]（Hodent, 2017参照）についてお話しします。ただし、ゲームUXはこれからも進化しますし、研究と新しいフレームワークの開発が進むにつれて豊かに成熟していくはずなので、私の見解はそれま

9　訳注：作業に適用できる考え方の枠組みや指針。

でのつなぎくらいに考えてください。

ゲームUXとは、プレイヤーがゲームをするとき（や、エコシステムに接するとき）にどんな体験をするかを考えるアプローチです。つまり、プレイヤーはどのようにゲームを知覚し、操作して、返ってきた反応に対応するのか、そしてそうした相互作用によってどんな情動や没入が引き起こされるのか、という点を検討します。さらに、デザインの意図に基づく体験が提供されているかという点も考慮します。たとえば、基本的に恐怖はユーザーに感じさせたくない情動ですが、ホラーゲームの文脈には合っているかもしれません。おもしろいゲームを作るレシピはありませんが、UXマインドセットをもつことで、ゲームの内容に応じたレシピの材料が手に入ります。一般的なUXと同じように、ゲームUXはゲームをプレイするときのことだけでなく、そのゲームに関係するプレイヤーの体験を全体的に検討する必要があります。しかし以下では、ゲーム自体との相互作用に注目して説明します。

ゲームの開発で一番重要なことは、どんな体験を提供し、誰をターゲット層のユーザーとするかを正確に定義することです。提供したい体験を明確に定めるには、ゲームのメインに据える柱をはっきりさせる必要があります。たとえば、エピックゲームズ（Epic Games）の『フォートナイト（Fortnite）』なら、建築、アイテム作成、戦闘がゲームプレイの主な柱です。それから、プレイヤーにどんな種類の挑戦を仕掛けるかを決める必要もあります。たとえば『フォートナイト』では、プレイヤーの注意力、反射神経、チームメイトとの協力、戦略的思考が試されます。でも、知覚や長期記憶に対する試練はほとんどありません（ゲームではあらゆる精神過程が試されますが、なにをどれだけ試すかはまちまちです）。ゲームデザインでは、開発プロセス全体で無数の意思決定と取捨選択を行います。完璧なUXを備えたゲームはありませんが、想定どおりの体験を提供することができれば、たいてい楽しくておもしろいゲームになります。だから、取捨選択がどうしても必要になったときは、どんな体験を提供しようとしているかを考えて判断してください。ターゲット層のユーザーを把握することも大切です。なぜなら、知覚は主観的なものですし、どんなゲームをしているかによってプレイヤーの習慣が異なるからです。たとえば、家庭用ゲーム機でいろいろなシューティングゲームをプレイしている人は、狙いを定めるときや撃つときによく使われるボタンを知っていると思いますが、モバイル端末のパズルゲームが好きな人が慣れているボタンの使い方は、また別物のはずです。ターゲット層を明確にすることは、UXリサーチの面でも重要です。というのは、ターゲット層の特徴を備えたプレイヤーに代表でゲームをプレイしてもらい、解決すべき問題を探す必要があるからです。

ターゲット層と提供する体験を（普通は構想段階で）定義したら、開発チームは「準備段階」を開始し、主要なプロトタイプ（試作）版の制作に取り掛かります。この段階から（これ以降は、制作、アルファ版、ベータ版、リリース[10]、リリース後と続きます）、プレイヤーがゲームで体験しそうな不満や引っかかりを洗い出し、意図的にそうしてあるもの**以外**を修正していきます。それと同時にデザインや芸術上の意図を忠実に表現し、魅力的で楽しいゲームを制作して世に送り出します。

ゲーム開発者の理解を助けるために、私はゲームUXの二本柱を示して説明しています。ひとつはユーザビリティ、もうひとつは私が新しく作った言葉で「エンゲージアビリティ」です。

ユーザビリティ

ユーザビリティとは、ユーザーがゲームをどのくらい十分にプレイできるかを表す度合いで、第1章でみた知覚や注意、記憶などの、人間の脳がもつ制約を抜きにしては語れません。ユーザビリティはUXの柱として知られており、産業デザインやデジタル製品デザインの分野で、長年の間にとても細かいガイドラインが確立されています。

ユーザビリティのヒューリスティック[11]（経験則）をまとめた代表的なリストに、ヤコブ・ニールセンの10原則がありま

10 訳注：ゲームが発売され、プレイできるようになること。

す。私のゲームUXフレームワークでは、それらのヒューリスティックをゲーム業界の言葉に合わせて作り替え、ゲーム開発者が「使える」ものにしました。ゲームユーザビリティのヒューリスティックには、次のようなものがあります。

- **サインとフィードバック**：このカテゴリーには、プレイヤーが知覚できるすべての刺激が含まれます。プレイヤーの入力に対するフィードバック（反応）も対象になります（たとえば、キャラクターが前に進む動きは、プレイヤーが親指でスティックを倒したことに対するフィードバック）。
- **明確さ**：サインやフィードバックは、意味が明確に伝わらなければなりません。知覚は主観的なものですから、重要な要素のテストを行い、意図したとおりにターゲット層のユーザーに理解してもらえることを検証しましょう。
- **機能がわかる形態**：ゲームに出てくる重要な要素は、直観的に理解できるようにします。そのために、どんな見た目や聞こえ方にすれば直観的に機能が伝わるかを考えてください。たとえば、任天堂の『スーパーマリオ』シリーズに出てくる敵キャラのクッパは背中の甲羅にトゲトゲがありますが、これを見れば、ジャンプしてあのトゲトゲを踏んだらダメージを受けるだろうな、とすぐにわかります。
- **一貫性**：一貫したサインやフィードバックは、プレイヤーが

11 訳注：常に正解にたどりつくとは限らないが、経験に基づいてうまいやり方を効率よく見つける思考法。

ゲームのことを理解し、正確な期待をもつことにつながります。たとえば、最初に見たドアが開いたら、プレイヤーはほかのドアも同じように開くことを期待するでしょう。ゲーム内でこの一貫性を破り、開かないドアを設置する場合は、外観を変えて（異なる**形態**にして）機能が同じでないことがわかるようにしてください。

- **負荷**（認知的または身体的な負担）**の最小化**：人の注意資源は有限なのに、ビデオゲームではたくさんの刺激を処理しないといけません。なので、認知負荷はできるだけ減らして、プレイヤーには注意と記憶を試す仕掛けに集中してもらいましょう。たとえば『フォートナイト』では、調べられるものに接近すると、その対象物を調べるボタンが表示されるので、プレイヤーは押すボタンを覚えておく必要がありません。同様に身体的な負荷も減らすようにします。あるアクションをするときに押すボタンが多すぎると、プレイヤーの負担になります。それがよく使うアクションなら、なおさら問題です。
- **エラー**（まちがい）**の防止と復旧**：人はまちがう生き物なので、試練として設定した箇所以外では、エラーが起きないように対策をとりましょう。そして、プレイヤーがまちがえた場合に備えて、復旧できる手段を用意しておきます。たとえば、プレイヤーが貴重なアイテムを壊して素材を得ようとしていたら、エラーを未然に防ぐために、決定前に確認画面を表示するようにします。また、壊したアイテムは必要なものだったと気づいたときのために「元に戻す」ボタンを設置しておくと、プレイヤーはそれを使って復旧することができます。

- **柔軟性とアクセシビリティ**（利用しやすさ）：操作方法の入れ替え、字幕の表示、色覚モードなど、万人がプレイできるよう、努力を惜しまずさまざまなオプションを用意する必要があります。ゲームは利用しやすいことが望ましく、不要な障壁のせいで楽しめないようではいけません。

これらのガイドラインの目標は、できるだけ直観的で遊びやすいゲームを作るということです。あえてそうしている箇所を除いて、プレイヤーが体験しそうな不満の種はすべて取り除くようにしてください。

エンゲージアビリティ

ユーザビリティを高めることはゲームをはじめ、あらゆる製品に重要ですが、ゲームは簡単に進むと退屈になることもあります。私たちは普通、プレイして楽しむという目的のためだけにゲームをします。だからゲームがおもしろくなければ、その目的は完全に果たせません。ドナルド・ノーマンは「エモーショナルデザイン」（Norman, 2005）について語るなかで、どんな製品も単に機能的なだけでなく、それ以上の魅力を備えることが重要だと説いています。しかしゲームの場合は、そうしたエモーショナルデザインが重要であるどころか、それこそが本質なのです。ゲーム開発者は「おもしろさ」とか「没入感」についての話をよく口にします。「おもしろさ」はいい言葉ですが、ひとつ問題なのは、**人によって**おもしろさの定義が異なるということです。チーム全体で枠組みを共有する必要があるので、私は「エンゲージメント[12]」という用語で、ゲームが人を魅了する力を指すようにしています。この概念のほうが客観的で分析に適しているからです。「エンゲージアビリティ」（適切な言葉がないので、引きつける、没頭させるという意味の「エンゲージ」と能力を意味する「アビリティ」を合わせた造語）は、ユーザビリティよりはるかにあいまいな概念です。なぜなら、人が行動する理由は不明確だからです。なので、エンゲージアビリティを達成するための確かなガイドラインはまだありません。

かつて私はユービーアイソフト（Ubisoft）、ルーカスアーツ（LucasArts）、エピックゲームズ（Epic Games）で働きながら、ゲームのエンゲージアビリティを向上させる3つの柱について考えてきました。動機づけ、情動[13]、ゲームフローがその柱です。

12 訳注：辞書的な意味は「積極的に関わること」。
13 訳注：「感情」と似た意味だが、なかでも興奮や不安、快不快、喜怒哀楽のような、身体反応を伴う強い心の動きのこと。

動機づけ

人が行動をするときに、動機がないということはありません。だから、動機づけはエンゲージアビリティの核となる要素です。しかし第1章でみたように、人間の動機づけに関する理論はたくさんありますが、すべての人間行動を説明できる理論はまだありません。動機づけにもいろいろあるなかで、ゲームに適用するとしたら、通常は外発的動機づけと内発的動機づけの2つに注目します。簡単におさらいすると、外発的動機づけは、人が行動の外部にあるものを手に入れるために行動するときの動機づけです。たとえば、遊園地でアトラクションの列に並ぶなどの場合です。この例では、並んで待つという行動が、その外部にある目的（乗りものにのる）を達成する手段になっています。

ビデオゲームでは、外発的動機づけに基づく試練がよく課されます。プレイヤーは特定の報酬を得るために、クエストやアクションをこなし、多くのリソースを獲得しなければなりません。目標やそれに伴う報酬を明確にすることは、プレイヤーを引きつけるゲームを作るうえで非常に重要です。なぜなら、そうした目標や報酬に向けて、プレイヤーが戦略を立てられるようになるからです。たとえばロールプレイングゲーム（RPG）では、達成したいクエストがあるのに、自分のアバター（操作するキャラクター）がまだ弱くて参加できないことがあります。そうしたとき、プレイヤーはアバターを鍛えて必要なスキルと能力を身につけ、目標を達成するための戦略を練るでしょう。

外発的動機づけは考慮すべき要素ですが、それだけでは不十分です。ゲーム開発者は内発的動機づけのことも考えないといけません。これは行動そのものが喜びで、そのために行動するという種類の動機づけです。自己決定理論[14]（SDT）は内発的動機づけが成立する過程の有名な理論で、それによると、プレイヤーは有能さ、自律性、関係性への欲求を満たそうとして内発的に動機づけられます。

有能さは、主に進歩している感覚を得ることに関係し、こうした感覚にはスキルに基づく場合（建築が上達して速く建物を造れるようになり、うまくなったと感じるケースなど）とそうでない場合（レベル上げやスキル購入などの人工的な方法で、強くなったと感じるケースなど）があります。ギターの練習やダイエットに取り組んでいるときに進歩が感じられないと、私たちはその活動をやめてしまいがちです。進捗を示すプログレスバーが目を引くのも同じ理由です。つまり、新しいレベルに到達したら報酬が得られるというだけでなく、自分が目標に向かってどのくらい進んだか、どのくらい有能になったかを確認したいのです。ゲームでもそれは変わりません。

自律性は自己表現に関係があります。自分のキャラクターの

14 訳注：人はどのようにしてやりがいや喜びを感じ、自ら進んで行動するようになるかを説明する理論。アメリカの心理学者エドワード・デシとリチャード・ライアンが提唱した。

スキン（見た目）やダンスの動きを選んだり、障害を乗り越える方法を自分で決定したりすることができると、プレイヤーは自らの意思で行動しているという思いを強くします。自由度の高いサンドボックス[15]ゲーム（『マインクラフト』や『グランド・セフト・オートV（Grand Theft Auto V）』など）や、さまざまな装飾オプション（プレイヤーにとって意味のある装飾の場合）を用意しているゲームは、自律性に対する欲求を満たすという点で、プレイヤーが没頭しやすいゲームです。

最後に、関係性はゲーム内でほかの人と有意義な関係をもつことで満たされます。人間は社会性の強い動物なので、複数人が参加するマルチプレイのゲームでは、プレイヤーは関係性に強い関心を向けることが少なくありません。こうした関係性は競争や協力を通じて築かれることもあります。協力のほうがプレイヤーを引きつけやすいので、競争的なゲームのほとんどは協力的な要素を備えています（部隊やチームに属して参加し、ほかのチームと戦うなど）。

情動

ゲームにおける情動は、主に「ゲームの感触」やコンテンツの目新しさに関連しています。ゲームの感触とは、実際にゲー

15 訳注：決まった目標がなく、広大な世界で探索したり、建築したり、アイテムを集めたり、戦闘や交流をしたりして過ごす、自由度の高いゲームのジャンル。

ムで遊んでみて感じるよしあしのことです。具体的には、カメラ、コントロール、キャラクター（合わせて「3C」）のそれぞれをいいと思うか、あるいはプレイヤーの行動に対応するAI（人工知能）の存在感をどう感じるかといったことが挙げられます。また、深いストーリーやすばらしい音楽などの多くの要素について感じることや、ゲームの物理的なリアリティ、つまり（写真のような克明さではなく）実在感もそのひとつです。

ここでは深入りしませんが、情動にはプレイヤーの驚きや目新しさも含まれます。プレイヤーは、たびたび新しい要素（キャラクター、マップ、イベント）が追加されないと、飽きてほかのゲームに移ってしまいます。オンラインゲームはアップデートや新しいキャンペーン、モード、スキン、シーズンなどをしょっちゅう提供して、プレイヤーの期待に応える必要があります。しかし、これを準備する作業は、開発チームにとって大変な負担となることが多く、たいていは残業が常態化するようになります。

ゲームフロー

ゲームフローは、心理学者のミハイ・チクセントミハイが研究した「フロー[16]」概念（Csikszentmihalyi, 1990）に基づきます。チクセントミハイは幸せになる秘密を解き明かそうとする

16 訳注：なにかに没頭し、我を忘れて熱中している状態。

なかで、人生でフロー状態を多く体験している人は、そうでない人より幸福であることに気づきました。第1章でみたように、人がフロー状態になるのは、自分にとって価値があり、やりがいのある活動に深く集中して取り組んでいるときです。みなさんも仕事をしているときや、創造的な活動（絵を描く、編みものをする、音楽を奏でるなど）をしているとき、あるいはビデオゲームをプレイしているときなどに、フローを体験することがあるかもしれません。ゲームデザイナーのジェノバ・チェン（陳星漢）は、ザットゲームカンパニー（thatgamecompany）で『flOw（Flow）』『フラアリー（Flowery）』『風ノ旅ビト（Journey）』（図2.2）といったゲームを制作するなかで、ゲームフローの考え方

図 2.2 『風ノ旅ビト』

を幅広く追求しています。

ゲームフローにとって重要な要素のひとつは「挑戦」です。ゲームは簡単すぎてもダメ（飽きるから）、難しすぎてもダメ（イヤになるから）で、ほどよい難度を設定しなければなりません。ゲームのUXとほかの製品のUXは、ここが大きくちがいます。つまり、たいていのゲームでは、ユーザーに挑戦する必要があります。

繰り返しになりますが、ゲーム開発者は、意図的な引っかかりを入念に組み込みます。つまりプレイヤーが直面し、乗り越えなければならない障害を設けるのです。たとえば、マルチプレイのゲームなら、プレイヤーが熟練度や腕前が同じくらいの相手と対戦できるように、うまく組み合わせを決める必要があります。一瞬で撃破したり、いとも簡単に勝ったりしても、おもしろくないですよね。

さらにゲームフローには展開のテンポ、つまりストレスやプレッシャーのリズムも関係します。たいていのゲームには、厳しい時間と穏やかな時間があります。多くのアクションゲームには「敵の波」が押し寄せる場面があり、たとえば生き残りを目指す「バトルロイヤル」ゲームなら、戦闘準備中はわりと平穏に過ごすことができますが、ひとたびマップが縮小し始めると敵との遭遇が避けられなくなります。

最後に取り上げるのは、ゲームフローのきわめて重要な要素

「オンボーディング」（手ほどき）です。プレイヤーがゲーム中にフロー状態に入るには、ゲームのルールを把握し、成功する方法（少なくともうまくプレイする方法）を理解している必要があります。手際のいいチュートリアルでゲームの一部を使用して、適切なオンボーディングを行うと、ゲームを上手にプレイする方法を効率的に学習できるので、プレイヤーの没入感は大きく高まります。もちろんミスをすることも、ゲームオーバーになることもあると思いますが、ゲームをしながら今回の出来事と次回の対策を理解すれば、プレイヤーは進歩を遂げられるでしょう。すでにみたとおり、進歩しているという感覚は内発的動機づけの大きな柱になります。

問題解決のための科学的アプローチ

ここまで、心理学がゲーム制作にどのように役立つかをみてきました。認知心理学（と認知科学全般）やヒューマンファクター心理学の知識は、ユーザビリティ（使いやすさ）とエンゲージアビリティ（おもしろさ）の面で、プレイヤーにできるだけ良質の体験を提供するためのガイドラインとして利用できます。

この章で最後に触れておきたい話題は、どうやってUXの問題とその根源を突き止めるかということです。問題を解決することは、それほど難しくありません。真に難しいのは、ドナルド・ノーマンがよく言うように、**適切な**問題を見つけて解くことです。さらに人間にはバイアスがあるので、ゲーム制作チームのメンバーたちの直感にまかせていると、みんな知覚は主観的だし、注意はすぐに欠けるし、記憶の誤りを起こしやすいしで、高くつく失敗につながるおそれがあります。だから、科学的な方法を駆使して問題を突き止め、科学に基づいて優先順位をつけることが大事です。

ここでは、事前に定義した厳密な手順を使用する実験的手法について詳しく説明します。この手法を採用することで、体系立てて知識を確立し、問題を解き、質問に答えることができるようになります。これは「仮説演繹法」という推論法で、標準化された手順に従って測定可能な効果を集めて分析し、仮説の正誤を確かめるために使います。実験心理学で用いられる手法です。

このアプローチでUXリサーチャーはなにをするかというと、ゲーム制作チームと一緒に、科学的手法を使って仮説を立て、それに応じた実験方法を設計して、人間のバイアスをできるだけ排除しつつデータの収集と分析を行います。そのときにゲームUXリサーチャーが使う手法は「プレイテスト」です。この種のテストでは、ターゲット層を代表する少数のユーザー（通常は8人ほど）に、できればUX実験室に来てもらい、ゲーム内に存在する問題を見つけるテストに参加してもらいます。テストの参加者には、ある作業をしてくださいと依頼します。たとえば、対象となるゲームの初期バージョンやプロトタイプ版を使って、アイテムが保管されているインベントリ[17]でアイテムを見つけて加工するといった作業です。ゲームの開発がもっと進んでくると、テストの参加者に、自宅にいるときのようにゲームをしてくださいと依頼することがよくあります。テストが始まれば、UXリサーチャーは参加者の行動を観察し、参加者が犯したミス、すぐに理解できなかった箇所、重要な情報を見逃したところを残らず記録します。このような観察段階に続いてよく行われるのは、質問に対して参加者が回答を記入する調査です。誘導尋問は行うべきでなく（第1章を参照）、回答を左右するような影響も与えないよう慎重に準備してください。この調査では、明確で客観的な質問がよく行われます。たとえば、ゲーム内で使用されるアイコンの画像を参加者に見せて、これがなにを表していると思いますか、と質問したりします。

ゲーム開発の初期段階では、主にユーザビリティのテストを行います。そのあと、ゲームに中核となるシステムが実装されたらエンゲージアビリティもテストしますが、こちらのほうがかなり難しいかもしれません。とは言うものの、参加者に対し、目標を達成することが楽しいですか、手に入れた報酬でなにができるかわかりますか、ゲームをしていて進歩を感じますか、意味のある行動を選択できましたか、誰かと一緒にプレイ

17 訳注：ゲーム内で、プレイヤーの持ち物が格納される場所。

したらもっと楽しめそうですか（マルチプレイゲームの場合）などの質問をすることで、テストを実施できます。こうした動機づけに関する質問は、ゲームに明らかな弱点があるかどうかを調べるのに役立ちます。現代のゲームの多くには「クローズドベータ」の段階があります。ゲームはほとんど完成していて、あとは仕上げやバランス調整が残っている段階なのですが、この時点で多数のプレイヤー（数千人規模になることもある）を集めて、自宅からゲームのテストプレイに参加してもらいます。場合によっては、オンライン調査で質問をすることもあります。

UXリサーチャーが使うもうひとつの手法は「アナリティクス（分析）」です。遠隔測定データを収集して解釈することをまとめてアナリティクスと言います。この手法は、ビジネスの意思決定をサポートする「ビジネスインテリジェンス」チームにも広く使われていて、テクノロジー産業で流行しています。私たちがアプリを操作したり、インターネットで情報を探したり、ゲームをプレイしたりするときに、たくさんのデータが集計されています。

ゲームアナリティクスを行うビジネス上の大きな目的は、さまざまなデータを計測して調べることで、特に無料ゲームがよく分析されます。具体的には、1日にそのゲームをプレイしている人数（「デイリーアクティブユーザー数」と呼ばれる）や、翌日や翌週に再びゲームをプレイした人、もしくはひと月のうちに

1回はプレイした人の割合（「リテンションレート」または「維持率」）、それとは反対にそのゲームを完全にやめた人の割合（「チャーンレート」または「離脱率」）、ゲーム内でなにかを購入した人の数（「コンバージョン数」または「成約数」）などを割り出します。

ゲームUXリサーチでアナリティクスを行うと、「プレイヤーはどこでやられているか」「どこかで行き詰まっていないか」「ゲームバランスは適正か、主人公や武器が強すぎたり弱すぎたりしていないか」などに対する答えを見つけることもできます。おもしろいゲームはもう一度プレイしたくなるはずなので、リテンションレート（再びプレイしに戻ってきたプレイヤーの割合）に注目したくなるのは当然です。この数値が低いと、そのゲームが評価されていないように思えますよね。ですが、この指標はゲームUXではそれほど役に立ちません。もっと細部まで検討する必要があるからです。

プレイテストと同じく、ゲームアナリティクスではプレイヤーが直面する問題を追求します。たとえば、ある機能を少数のプレイヤーしか使っていないというデータが得られたら、さっそく理由を調べます。その機能を使えば高確率でゲームが楽しくなるのであれば、なおさらです。

アナリティクスの強みは、UXプレイヤーがUX実験室での特殊な状況に拘束されず、自宅でゲームをプレイしたときの**行**

動を把握できるということですが、量的データには文脈が欠けているので、プレイヤーの行動の**理由**はよくわからないかもしれません。そのため、UX リサーチャーはデータアナリストと連携し、定量的なデータと定性的なユーザーリサーチを組み合わせた手法で調査を行い、ゲームに含まれる大きな問題を深く理解できるように取り組みます。

このような科学的手法を使うと、ゲーム制作チームや UX 担当者が重要な UX の問題を特定して発生理由を理解し、適正な問題をうまく見定めて、ゲームがもたらす体験を向上させることができます。

この章のまとめ

ゲーム UX

ゲーム制作は難しい作業で、多くのプロジェクトが失敗します。図 2.3 に示したユーザビリティとエンゲージアビリティを柱とするゲーム UX フレームワークは、ゲームの開発にとても役立つ、実践的な枠組みです。これをチェックリストとして利用すると、修正する必要のある重大な問題を見つけたり、足りない機能や要素に気づいてゲームのよさを十分に引き出したりすることができるでしょう。

ゲームユーザー体験

ユーザビリティ

- サインとフィードバック
- 明確さ
- 機能がわかる形態
- 一貫性
- 負荷の最小化
- エラーの防止と復旧
- 柔軟性とアクセシビリティ

エンゲージアビリティ

- 動機づけ
  有能さ、自律性、関係性
  意味のある目標と報酬
- 情動
  ゲーム感、存在感、驚き
- ゲームフロー
  難度曲線、テンポ調整、学習曲線

図 2.3　ゲーム UX のフレームワーク
(出典：Hodent, 2017)

こうすればおもしろくて成功するゲームができる、というレシピはありませんが、ここで紹介したフレームワークは、プレイしやすくて没頭できるゲームを作り上げるために欠かせない材料を示してくれます。ゲーム開発者は、心理学から導き出されるこれらの材料を使って、自分たちのゲームで提供したい体験をターゲット層に届けるためのおいしいレシピを作ることができます。

ゲームUXマインドセットは、プレイヤーのことを第一に考えます。それに加えて、ゲームがアクセシビリティに対応し（つまり、誰もがプレイできるように考慮され）、必要なものが揃っていて、安全で、全体を通じて倫理的なものになるように努めます。

アクセシビリティについては、ユーザビリティの節で少しだけ触れました。UXの「U」は、すべてのユーザーを指し、障害のあるプレイヤーも含まれます。ゲームは万人のものですが、残念ながら必要のない障壁があちこちにあって、一部のユーザーが遊べないゲームが存在しています。ターゲット層（主に好きなゲームの種類に基づいて想定される対象ユーザー）の全員が、自分は歓迎されていると感じられることが望ましいでしょう。

ダイバーシティ[18]とインクルージョン[19]という理念には（その一部であるアクセシビリティも含めて）、ゲームでもゲームスタジオにおいても、まだまだ対応できていません。また、無料で

18 訳注：「多様性」を意味する言葉で、年齢、性別、人種、国籍、宗教、信条、性的嗜好、価値観、障害の有無など、さまざまな属性をもつ人が活躍できる場の実現を目指す理念。
19 訳注：「包摂」（包み込むこと）を意味する言葉で、どんな立場にある人も誰ひとりとして排除することなく社会に取り込むことを目指す理念。

ゲームをプレイできる後発のビジネスモデルのほうが、従来の有償ゲーム（最初にお金を払ってプレイするゲーム）に比べて、全体的に多くの倫理的な懸念を引き起こしているにもかかわらず、倫理も多くのスタジオで慎重に検討されていません。ゲームUXマインドセットをもつことで、これらの話題の重要性が高まり、認知度が上がってほしいものです。

ほかのテクノロジー業界（特にソーシャルメディア）に比べて、ゲーム業界がいくらか先に進んでいる点があります。それは、オンラインのマルチプレイゲームのなかで、反社会的な行為（被害者にとって有害と感じられる行動）から、できるだけプレイヤーの安全を守る対策を備えていることです。反社会的行為には、たとえば他のプレイヤーに悪口を言うとか嫌がらせをするといったことが挙げられます。迷惑をかけられるためにゲームをする人はいませんから、被害を受ける側にとっては悪い体験でしかなく、優先的に対処すべきUXの問題と言えます。

ゲーム開発者は、ほかのプレイヤーを尊重する態度をプレイヤーに示すとよいでしょう。たとえば、行動のルールを定めて、ゲームの開始前にプレイヤーの画面に表示します。また、このルールに違反したプレイヤーに対し、数日間ゲームをプレイできなくするなどの措置をとるようにして、ルールを守らせることもできます。

あとひとつ、より効果的な方法として、反社会的な行動が報われないようにゲームをデザインするという手があります。ここでも行動心理学が有効です。人はある行動をとったときに、報酬が得られたり罰せられなかったりするとその行動が多くなり、罰せられなかったり報酬が得られなかったりするとその行動が少なくなるという傾向があります（第1章で説明したオペラント条件づけ）。制作側はこれを意識して、プレイヤーが反社会的な行動を実行できないように、もしくは実行できても報われることのないように、ゲームをデザインすることができます。たとえば、マルチプレイのゲームに音声チャット機能（や、ほかのコラボレーションツール）がなければ、プレイヤーが他人に乱暴な言葉を投げかけることはありません。

もう一例、今度は反社会的行動に報酬を与えない方向で、特定のゲームのルールを再検討したケースをみてみましょう。ゲームデザイナーのジェノバ・チェンが、ゲームUXサミット2019の講演で語った話です。ソニープレイステーション3のゲーム『風ノ旅ビト』（ザットゲームカンパニー）の開発にチームで取り組みながら、チェンはこのゲームで真のつながりを実現しようと考えました。それで、オンラインのゲームで2人のプレイヤーが出会い、言葉を交わす方法がないまま、共同で行動するという設定を作りました。このゲームの舞台は広大で神秘的、かつ過酷な世界であり、プレイヤーどうしが一緒になにができるかは説明されないので、自分で見つけないといけません。きっとプレイヤーはこの世界で弱い存在であることを自覚して、ほかのプレイヤーと本当の意味でつながり、力を合わせて一緒にやっていこうとするだろう。それが当初の思惑でした。

ところが、ゲーム開発の初期段階でテストをしていたときに、チェンはおそろしい光景を目にします。プレイヤーたちは協力して崖を登るどころか、ほかのプレイヤーを突き落として死なせていたのです。そんな嫌がらせが行われることに驚き、どうしてプレイヤーは助け合わず、卑劣な行為をするのかと不思議に思いました。しばらくしてわかったのは、ゲームで嫌がらせをすると、ほかのプレイヤーが血の海で息絶えるといったハプニングが発生し、それが報酬になるということ、そして他人と協力しても、たいして興奮するようなことは起きないということでした。だからと言って、プレイヤーが機会さえあれば、協力するより他人を傷つけたいと思っているわけではありません。バーチャル空間では、プレイヤーはいろいろやってみて、報酬と感じられる結果につながる行動を繰り返すのです。それで、チェンはゲーム内でプレイヤーどうしのぶつかりを検出しない（自分のアバターでほかの人のアバターを押そうとしても透過して押せない）ようにして、ほかのプレイヤーに近づくと報酬が得られる（エネルギーが回復して飛べるようになる）ように変更しました。要するに、嫌がらせに対する報酬をなくして、協力に対する報酬を追加したのです。

チェンの語ったゲーム開発の方法は、UXマインドセットの真髄を示しています。つまり、開発者の視点からプレイヤーの視点に移行して、意図したとおりの体験（この例では、有意義な社会的つながり）を提供できるようになるまで、繰り返しゲームを改修するというやり方です。この例からは、オペラント条件づけを考慮に入れることが（ゲームやソーシャルメディアにとって、あるいは社会全体にとって）いかに重要であるかがわかります。反社会的行動に報酬を与えたり罰を与えなかったりすると、常習犯による再発を促すことになりますし、協力的な行動を罰したり（体罰はもちろん、ほかの種類の罰でも）、報酬を与えなかったりすると、他人と協力しようという気を失わせてしまうのです。ゲーム開発者は一般に、ゲーム環境全体をコントロールし（AR［拡張現実］やMR［複合現実］の場合は事情が異なりますが）、ゲームでどのようなサイン、フィードバック、報酬を出すかをすべて決定します。これらの要素がプレイヤーに及ぼす影響を予測し、有害なものにならないようにすることが、ゲームUXには欠かせません。プレイヤーは当然のことながらゲームを楽しくプレイでき、尊重され、受け入れられ、安全でいられるべきなのです。

ビデオゲームをすることは有益か？

ビデオゲームのプレイヤー人口は、世界中で20億人以上と推定されています。ビデオゲーム産業の総売上は年々伸び続けていて、2019年に約1500億ドル（当時のレートで16.5兆円）の市場規模に達しました。こんな途方もない数字があがる中、ビデオゲームの影響についての調査がさかんに行われています。

ビデオゲームはプレイヤーの心と体の健康に悪影響を及ぼすのか。とくに子どもに対する影響はどうなのか。また反対に、ビデオゲームは認知機能や健康、教育にいい効果をもたらすのか。いい面と悪い面の両方で、たくさんの主張が飛び交っていますが、十分な証拠に基づくものばかりではありません。総合的な研究で得られた結果は、決め手に欠けていたり矛盾を含んでいたりすることがよくあります。また、証拠の数が少ないうえに、それらが相関研究に基づいていて、2つの変数のあいだに因果関係があるのかどうかを判別できないケースも珍しくありません。こんな状況を考えてみてください。あなたは自分の街で日焼け止めの売上（変数A）を調べています。ある日、その売上とアイスクリームの売上（変数B）が相互に関係していることに気づきました。これらの売上は一緒に増えたり減ったりしているのです。さて、この動きはなにを意味するのでしょうか。日焼け止めを使うとアイスクリームが食べたくなる（変数Aが変数Bを引き起こす）のでしょうか。それとも、アイスクリームを食べると、自分の肌のほてりを感じて、日焼け止めの必要性に気づくのでしょうか（変数Bが変数Aを引き起こす）。あるいは、気候などの「交絡変数[1]」がどちらの変数にも影響を及ぼしているのでしょうか（気温が上がると、変数Aと変数Bがともに増える）。もしくは、2つの変数がたまたま同時に同じ動きをしたとか？　ここでの要点は、相関関係と因果関係は同じではないということです。相関研究で興味深い発見があったとしても、変数間の関係を理解するには、さらに調査を重ねる必要があるのが普通です。

加えて、「ビデオゲーム」はひとくくりにできないということも大事なポイントです。パズルゲームやアクション要素の詰まったシューティングゲーム、ストラテジーゲームなど、ゲームには数多くのジャンルがあります。暴力的な内容を含むゲームもあれば、ほかの人と交流したり贈りものをしたりすることが目的のゲームもあり、ストーリーを楽しむゲーム、自由度の高いサンドボックスゲーム、静かに眺めて思いにふけるゲームなどさまざまです。1人用もあればマルチプレイもありますし、複数人で遊ぶなら、協力するのか競うのか、その両方なのかという区分もあります。

こうした多様性があるのに、単に「ビデオゲームの影響」とまとめてしまっては、誤解を生じかねません。これは「スクリーンタイム（画面視聴時間）」の影響を論じるときの問題点によく似ています。映画観賞、仕事、読書、ニュースのチェッ

1　訳注：調べている変数以外で、結果に影響を及ぼしている別の変数。

ク、家族とのビデオ通話に友達とのおしゃべり、そしてゲームと、いろいろな機会に画面を見ているのに、すべてを「スクリーンタイム」でひとくくりにするのは雑ですよね。

だから、報道機関がビデオゲームの影響を調べた研究について報じていたら、どんな種類のゲームが取り上げられているかを確認することが重要です。また、お子さんがいらっしゃる方は、お子さんが楽しんでいるゲームの種類とプレイしたがるモードに注意を払ってください。たとえば『マインクラフト』には「クリエイティブ」モード（デジタルのレゴブロックで遊んでいるかのように、自由にものを作ることができる）や、もっと強いストレスがかかる「サバイバル」モード（プレイヤーが攻撃を受けて死ぬこともある）などのモードがあります。『フォートナイト』にも「クリエイティブ」モードがありますし、ほかにも「バトルロイヤル」（プレイヤーたちが対戦し、最後に1チームまたは1人が生き残るまで戦う）モードや「世界を救え」（プレイヤーが協力してゾンビを撃退し、人々を救って、ロールプレイングゲームのようにレベルを上げて強くなる）モードなどがあり、ときにはプレイヤーが集まって一緒にコンサートを見たりする社交空間と化すこともあります。

一口にビデオゲームと言っても個別にちがいがありますし、同じゲームでもモードが別なら特徴も異なります。なので、それぞれを区別することが重要です。それを踏まえて、ビデオゲームをするとどんな利益があるかをみていきましょう。

ゲームプレイの利益

ビデオゲームをプレイすることで得られる利益の前に、ビデオゲームは遊びに満ちた活動だということを確認しておきましょう。年齢にかかわらず、遊びは私たちの精神を鋭敏に保つために重要です。人の脳は遊びながら、目新しい状況や日常では遭遇しそうにない複雑な状況にどう対応するかを試すことができます。遊ぶことは学ぶことです。

とくに子ども時代は、健康な発達に遊びが欠かせません。なぜなら、脳が成長の途中で、大人の脳より順応性に富んでいる（柔軟である）からです。子どもの発達に対する遊びの重要性は、たくさんの研究が強調しています。子どもは遊びながら試して、探って、学ぶのです。

遊びには適応を促すはたらきがあり、子どもたちが現実に順応しようとするのを後押しします。なかでも重要なのは、子どもがいろいろな試みを体験できるよう、遊びの種類を増やすことです。体を動かす遊び、ごっこ遊び、記号をあやつる遊び（お絵かきなど）、社会的な遊び、そしてルールのあるゲームのそれぞれが、さまざまな能力の発達に関連します。たとえば、体を動かす遊びは運動能力の発達につながり、ごっこ遊びは言葉の発達に結びつきます（ほかの能力の発達にも関係します）。ルールに従ってプレイするゲームであれば、数字を扱うボードゲームをすることで数学の力がつく、といったこともあるでしょう。

子どもは、形式のない自由な遊びや大人に手引きをしてもらう遊び、ゲームを介した遊びをすることで学びます。心理学の教授であるキャシー・ハーシュ＝パセックらは著書 *A Mandate for Playful Learning in Preschool*（Hirsh-Pasek, 2009）で「学習の効果がもっとも高くなるのは、子ども自身が熱心に取り組み楽しんでいるとき」と指摘しています（p. 3）。

画面を見て行う活動については、2016年10月に米国小児科学会が推奨を出しています。そこでは、生後18か月未満の乳児にビデオ通話を除くあらゆるスクリーンメディア（テレビ、パソコン、スマートフォンなど）を見せないことが推奨されています。

幼少期の学習は、養育者とのやりとりを通じて行われます。2歳以下の幼児は、動画の内容を現実世界と関係づけることが難しいので、動画メディアからよりも、大人とのやりとりからのほうが効率よく学習できます。ビデオ通話を除いて、画面を見たり触ったりしているあいだは人とのやりとりがなくなるので、そうしたメディアは避けるべきです。

保護者が生後18～24か月の幼児にスクリーンメディアを見せたい場合は、良質な番組（『セサミストリート』をはじめとするセサミワークショップ制作の子供向け教育番組など）を選び、視聴中は子どものそばにいて、問いかけに答えられるようにするとよいでしょう。2～5歳の子どもの場合は、良質な番組の視聴を1日に1時間までとして、保護者がメディアの使い方を指導することが推奨されています。6歳以上の子どもについては、スクリーンメディアの使用時間に上限を設けることが推奨され、十分な睡眠と運動を確保することが重要視されています。

ビデオゲームの質の評価は、膨大な数のタイトルが世に出ていることもあり、保護者にとって簡単ではないと思いますが、まずは北米のエンターテインメントソフトウェアレーティング委員会（ESRB: Entertainment Software Rating Board）や全ヨーロッパゲーム情報（PEGI: Pan European Game Information）のウェブサイトで、年齢別レーティングを確認してみてください[2]。これらのレーティングシステムは、ビデオゲームが特定の年齢向けに作られているかどうかではなく、基準年齢に満たない子どもに不適切なコンテンツ（暴力やギャンブルなど）が含まれている可能性を知らせる制度です。コンテンツのレビューや対象年齢については、コモンセンスメディアのウェブサイト（commonsensemedia.org）で調べることができます。

また、子どもがプレイしているゲームのコンテンツやビジネスモデルを確認することも推奨されています。たとえば、無料ゲームはアイテム課金のしくみを取り入れていることがあり、年少の子どもが利用するには問題があります。こうした要素に

2　訳注：日本では、特定非営利活動法人コンピュータエンターテインメントレーティング機構（CERO）がレーティングを実施している（公式サイト：https://www.cero.gr.jp）。

ついては、第4章と第5章でお話しします。

スクリーンタイムとコンテンツの制限に関する推奨の範囲内でも、子どもはビデオゲームのプレイを通じて、遊びながら物事を試しにやってみることができるはずです。とは言え、子どもの遊びはさまざまであり、ビデオゲームはそのひとつにすぎません。子どもや大人にとって、ビデオゲームをすることに特有のメリットはあるのでしょうか。

⊕ 視覚機能と認知機能

ビデオゲームをすると、なにかいい効果があるのでしょうか。これまでの研究で得られた確実性が高い結果の筆頭は、アクションゲームをプレイすることで、成人の視空間知覚と注意の能力（視覚的な刺激に注意を向ける能力［視覚選択的注意］など）に正の影響があるということです。一人称視点をとるファーストパーソンシューティングゲーム（FPS、『コール オブ デューティ（Call of Duty）』シリーズなど）のようなアクションゲームをうまくプレイするには、ほとんどの場合にそれらの視覚的能力が要求されます。なぜなら、自分の身を守りながら、複数の敵をすばやく追いかけて射撃し、ときにはチームの仲間を支援しなければならないからです。このような能力は車を安全に運転するときなどにも欠かせません。

いくつかの研究で、視覚的注意能力と市販のアクションゲームをすることのあいだに相関があることが指摘されています（多くのアクションゲームには暴力的なコンテンツが含まれているので、これらの研究のほとんどは成人を対象としています）。アクションゲーマーは一般に、そうしたゲームをしない人に比べて、視覚的注意能力が高いことがわかっています。たとえば、ダイとバベリアの研究（Dye and Bavelier, 2010）では、アクションゲームをプレイしている就学年齢の子どもは、そうでない子どもより、視覚的注意課題の成績が全体的によかったという結果が得られています。しかし、アクションゲームをすることで視空間知覚の能力が向上するのか、それとも視空間知覚の能力が高い人はアクションゲームが上手で有能さを感じることが多いので（第1章でみたように、有能感は内発的動機づけにとって重要です）、その種のゲームを頻繁にプレイするようになるのかは、これらの相関研究からは不明です。

相関研究にとどまらず、興味深い実験もいくつか行われています。これらの実験では、参加者を集めて、効果を調べたいビデオゲームでのトレーニングを実施するのですが、その前後に標準化されたテストで参加者の認知機能を測定し（トレーニング前のテストは「事前テスト」、トレーニング後は「事後テスト」）、その結果を対照群（別の種類のゲームでトレーニングをする参加者のグループ）と比較します。このような研究は「介入研究」とか実験研究と呼ばれます。もし、実験群（調査対象のゲームでトレーニングを行う参加者のグループ）で事前テストより事後テストの成績がよくなっていて、対照群でそうなっていなかったら、ビデオゲームのトレーニングによって認知機能が強化されたと考えられます。

たとえば、グリーンとバベリアによると、実験でアクションゲームのトレーニングを実施した人は、その影響が視覚的注意能力に現れていました（Green and Bavelier, 2003）。この実験ではビデオゲームをする習慣のない人を2つのグループに分けて、異なるゲームでトレーニングを行いました。実験群で使用したゲームはエレクトロニック・アーツ（Electronic Arts）のFPSゲーム『メダル オブ オナー アライド アサルト（Medal of Honor: Allied Assault）』、対照群では『テトリス』でした。トレーニングの実施前と実施後に、両方の群で視覚的注意課題の成績（動く要素を目で追う能力など）を評価しました。その結果、アクションゲームのトレーニングを実施した実験群では、『テトリス』でトレーニングした対照群に比べて、視覚的注意能力が向上していました。

この結果を見て、テトリスファンの人はがっかりしないでください。オカガキとフレンシュの実験（Okagaki and Frensch, 1994）では、青年期後期の人と若い成人が『テトリス』のトレーニングを受けたところ、メンタルローテーション時間などの空間認識能力が向上したということです。

また、同様の手順（事前テスト、トレーニング、事後テスト）でほかの実験も行われています（Li et al., 2009)。この実験では、参加者がアクションゲーム（『アンリアル トーナメント 2004［Unreal Tournament 2004］』と『コール オブ デューティ 2［Call of Duty 2］』）でトレーニングを9週間にわたって計50時間行い、アクション以外のゲーム（『ザ・シムズ2［The Sims 2］』）でトレーニングした対照群とのあいだで、視機能（コントラスト感度）を比較したところ、アクションゲームでトレーニングした参加者にコントラスト感度の向上が認められました。コントラスト感度の測定は、視覚の臨床評価で行われました。この実験結果は、アクションゲームが視力の向上に役立つ可能性を示しています。

トレーニング介入研究は相関研究より少ないものの、特定のゲームが一部の視機能や認知機能を向上させうることを示す証拠を積み重ねています。商用のアクションゲームの多くは子ども向けではないので、子どもを対象として、それらのゲームを使用する介入研究が行われることはほとんどありません。しかし、発達性読み書き障害の子どもを対象に、任天堂のゲーム機Wii用の『ラビッツ・パーティー（Rayman Raving Rabbids)』（ユービーアイソフト）という暴力的でないゲームを使用して行われた興味深い研究があります（Franceschini, et al., 2013)。

この研究では、発達性読み書き障害のある子ども20人を対象として、1人につき合計12時間のトレーニングを行い、トレーニング前のテスト（事前テスト）とトレーニング後のテスト（事後テスト）で子どもの読み能力を調べました。『ラビッツ・パーティー』はいろいろなミニゲームが入ったパーティーゲームで、アクション色の濃いものもあればそうでないものもあります。半数の子どもはアクションタイプのミニゲームで12時間のトレーニングを積み、残りの半数（対照群）は別のタイプのミニゲームでトレーニングを行いました。その結果、アクションミニゲーム群の子どもたちのほうが、対照群よりも、視覚的注意能力と読字速度が大きく向上していました。この効果は2か月後でも持続していました。この研究の著者らによると、視覚的注意能力は読みの習得に重要であると考えられていて、そのことがこの結果につながっている可能性があります。

ビデオゲームをプレイすることの認知的利益を調べる研究は、現在も続けられています。商用のゲームを対象とした研究で、アクションゲーム（大半が暴力的な要素を含むシューティングゲーム）が視覚的注意能力に正の影響を及ぼす可能性があるという結果が得られています。また、ほかの種類のゲームが視機能や空間認知に正の影響を及ぼすという指摘もあります。それ以外の認知機能については、実験でビデオゲームの利益が確かめられなかったか、あるいは相関研究で相関が認められたものの、相関関係と因果関係は別物なので、ビデオゲームが原因で利益が得られたかどうかはわからないといった状況です。

これまでに実施されたトレーニング介入研究からは、学習の**転移**が起きる可能性が示されています。つまり、ある文脈で（ここでは、ゲームをすることで）養われた能力が、よく似た別の文脈（学校のテストの成績など）にも波及し、その効果がビデオゲームを使ったトレーニングの数か月後まで持続することがあるのです。これは注目すべきことです。なぜなら、活動（ゲームでもそれ以外でも）のトレーニングというのは、多くの場合、その活動だけを上達させる訓練だからです。いわゆる脳トレゲームとか「教育」ゲームのほとんどは、まさにこれに当てはまっていて、そのゲーム（や運動）がうまくなるための訓練だけを行います。それで別の活動も上達する可能性があるというのですから、ゲームによるトレーニングに期待がもてるというわけです。学習したことをほかの領域に活かすのは、教育の目指すところですよね。

というわけで、さらに研究を重ねる必要はありますが、一部のビデオゲームでは教育的な効果が期待できそうです。ただし、観察される学習転移の多くは「近い転移」で、関係が深い領域への転移が起きています（Sala et al., 2018）。なので、アクションゲームをすることで「かしこく」なるわけではないですが、次第に視覚的注意能力が向上し、一度に注意を向けることができる対象の数が増えて、これらの能力を要する作業の成績が上がるということはあるかもしれません。

教育用のビデオゲーム

教育者は、学習者が新しい能力を習得して、それをさまざまな状況で活かせるように気を配ります。「教育」ゲームと呼べるのは、そのような学習の転移が起きることを確認できたゲームだけです。でも、お気づきかと思いますが、市販されている教育ゲームのほとんどは、そうした効果を偽りなく主張することができません（「教育」的効果を認定する制度がないので、実際は野放しですが）。

これまで、この種のゲームは、プレイヤーに与える教育的な影響についての科学的な検証をほとんど受けてきませんでした。数少ない例外のひとつは、MIND研究所（Mind Research Institute）が開発した『ST Math』（略さずに言うと『Spatial Temporal Math』［時空間数学］）（図3.1）です。このゲームでは、画面に表示された物体を空間的または時間的に操作して、数学的な概念を学ぶことができます。カリフォルニア標準テストの結果によると、学校で使用すると数学の成績を上げる効果があるようです（Rutherford et al., 2010）。

またほかにも、イェギらが開発した、グラフィックを多用したインタラクティブ環境での作業記憶（ワーキングメモリー）課

図 3.1　『ST Math』

題（と対照課題）の例を挙げることができます（Jaeggi et al., 2011）。この作業記憶課題を使ったトレーニングを受けた小学校と中等学校の生徒では、対照課題でのトレーニングを受けた生徒よりも、流動性知性の標準課題の成績が向上しました。流動性知性とは、新たな状況で問題を解決する能力で、作業記憶の容量に左右されます。ここで注目したいのは、成績が大幅に向上した子どもたちがトレーニング課題について、取り組みがいがあり難しすぎないと評価していたことです。没頭できるゲームの制作に重要な、ゲームフローの概念を思い出しませんか（第2章に説明があります）。最後に、ごく最近のメタアナリシス[3]（Riopel et al., 2020）では、シリアスゲームを使った指導は科学学習の成績に中程度の正の影響を及ぼす可能性があり、従来型の指導より効果的であることが示されました。

以上のような例外もありますが（総じて、教育者や研究者が入念に作り込んだもの）、いわゆる教育ゲームは本当の意味で教育的とは言えないことが多いようです。ここでは、読み書き能力の向上を目的とするゲームを例にとってみましょう。リサ・ガーンジーとマイケル・レビンの著作 *Tap, Click, Read*（Gurnsey and Levine, 2015）によると、言葉と読み書き能力の発達に関する研究結果を取り入れるだけでは、読み書きの習得を促進できるとは限らないそうです。それどころか多くの「教育ゲーム」はアルファベットの練習ドリルやフォニックス[4]教材に頼りすぎていて、弊害を伴うおそれもあり、教育的とは言い切れません。

「教育」をかかげているアプリやゲームは、根拠を欠いていたりうたい文句がおおげさだったりすることが少なくありません。標準的な科学的評価を引き合いに出して真の教育的価値を示そうとするようなゲームが、本当に「ゲーム」と呼べるほど楽しかったり魅力的だったりするのでしょうか。「教育ゲーム」「シリアスゲーム[5]」「ゲーミフィケーション[6]」。どう呼んでも、直面する問題は変わりません。そのゲームが本当に教育的なのか、おもしろいゲームなのかということです。算数の問題

3　訳注：複数の研究の結果をまとめて分析する研究方法。
4　訳注：子どもが英語の読み書きを学習するための方法。「“A” は “Apple” のア」といった、アルファベットの発音とつづり方の関係を学ぶ。イラストや歌を使って学習することが多い。
5　訳注：娯楽であることに加えて、教育や医療、貧困などの社会的課題の解決を目的とするゲーム。

にかわいいアニメーションをつけようと、バッジなどの外部的な報酬で気を引こうと、それで退屈なものがおもしろくなることはありません。

第2章でみたように、魅力的なゲームを作ることはとても大変で、実績のあるゲームスタジオが豊富な予算で臨んでさえ厳しい課題です。ゲームUXは次第に広く用いられるようになっていますが、それはこのアプローチが示す枠組みや構成要素が、おもしろいゲームの制作という困難な目標に向けての道しるべになるからです。

さらに、ほとんどの「シリアスゲーム」や「ゲーミフィケーション」は外部的な報酬を重視します。オペラント条件づけは強固な学習のしくみですが（第1章を参照）、転移はあまり起こりません。たとえば、あるゲームを動機づけに利用して、毎日学習を続けている人がいるとします。ゲームの経験値や報酬を利用してやる気を出しているわけですが、この人はゲームをしなくなったら、たぶん学習も続かないでしょう。外部的な報酬で活動への意欲が高まるのは、それが得られるあいだだけです。報酬が得られなくなったり、その報酬に価値を感じなくなったりしたら、たいていは動機づけの効果も失われてしまいます。

だから、教育ゲームには内発的動機づけを考慮することが欠かせません。プレイヤーが抱いている有能さ、自律性、関係性

6　訳注：勉強や仕事など、ゲーム以外のことにゲームの方法を応用して、作業をうながす手法。

への欲求を満たす方法を考える必要があるのです。一言で言えば、学習や演習を楽しく有意義なものにするということです。

ピアジェとヴィゴツキーという、児童発達研究の大御所がともに主張したのは、子どもは遊びを通じて外界とのかかわり方を試みるということです（Piaget, 1962; Vygotsky, 1978）。1980年に数学者で教育者のシーモア・パパートは、独創的なアイデアに満ちた著作『マインドストーム』（Papert, 1980）で、コンピューターは強力な教育ツールになるはずだが、コンピューターが子どもを**指導**するようになるわけではないと述べました（多くの「シリアスゲーム」は指導しようとしていますが）。それよりも、子どもが自分にとって**意味のある**目標を達成するために、コンピューターをプログラムできるようにすることが重要であると論じたのです。パパートはMIT（マサチューセッツ工科大学）でLOGOというコンピューター言語（図3.2）を開発しました。子どもはこの言語を使って、コンピューターで描画などをすることができます。たとえば、「fd 100」（「前へ100」という意味）と入力すると、「タートル（亀）」と呼ばれるカーソルが100単位の長さで直線を描きます。正方形を描くには、「Repeat 4 [fd 100 rt 90]」と入力します。この「rt 90」というのは「右に90度曲がる」という意味で、全体では「前方に100の長さの線を描き、右に90度曲がる」を4回繰り返せという指示になります。

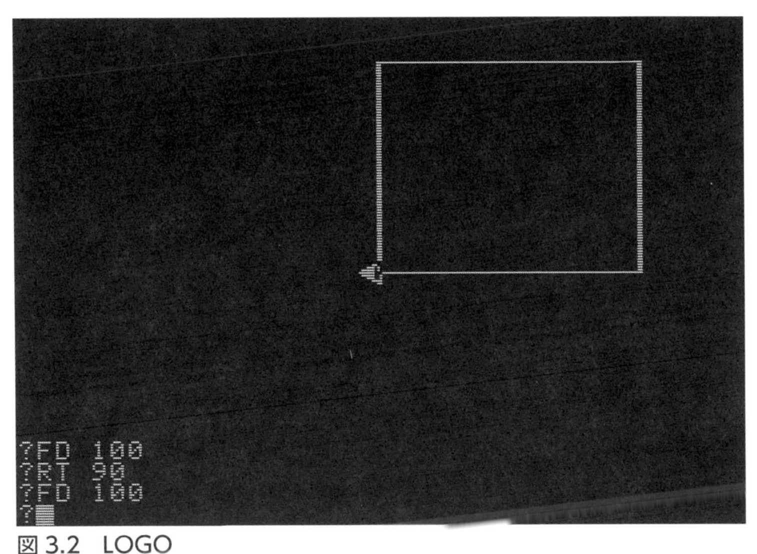

図3.2　LOGO
出所：http://www.sydlexia.com/logo.htm

子どもたちは絵を描くのが好きで、熱心にコンピューターを操作しながら試行錯誤を繰り返すうちに、描きたい図形をコンピューターに伝えるのに必要な幾何学的ルールを自分で見つけるようになっていきました。たとえば、家を描きたいと思ったときに、まず正方形の特徴（4辺の長さが同じで、4つの角がいずれも90度）を理解して、コンピューターに適切な指示を与えていたのです。これは「コンストラクショニスト（構成主義者）」アプローチといって、そのときの文脈に応じて能動的に知識を構築していく学習法です。この例のように、遊びを体験しながら対応策を習得していった子どもは、その方策を別の文脈に移して利用するようになっていくようです（Klahr and Carver, 1988）。

つまりは、意味があって楽しいと感じられる文脈を子どもに与え、自分で知識を構築させるというアイデアですが、これにヒントを得て、教師が授業に商用のビデオゲーム（モージャンスタジオの『マインクラフト』など）を取り入れる例が増えています。『マインクラフト』は非常に人気のある「サンドボックス」ゲームで、ブロックを配置して物体や構造物を作成したり（レゴブロックで遊ぶようなものです）、複雑な機械やシステムを組んだりして、一つひとつ世界を作っていくことができます。多くの子どもが夢中になっていて、大きな可能性をもつゲームなので、教育の現場でその力をさまざまな学習目標に活用しようという動きがあります（概要については、Lane and Yi, 2017）。

一例を挙げると、米国国立科学財団（NSF: National Science Foundation）が支援する研究プロジェクトでは、いくつかの分野の研究者がチームを結成し、『マインクラフト』を使って科学への興味を育てる方法を模索しています。学習者に「もし地球が〜だったら？」という問いを投げかけて、対話を通じていまとは異なる地球のようすを科学的に考えながら、マインクラフトで形にしてもらうのです。具体的には「もし地球に月がなかったら？」とか「もし地球が現在の2倍の大きさだった

図 3.3　『Kerbal Space Program』

ら？」といった質問をします。そのため、この研究プロジェクトは「What-if Hypothetical Implementations in Minecraft（マインクラフトを使った［もし～だったら］状況の実現）」と呼ばれ、WHIMC と略されています。

人気のあるほかのゲーム製品も、教育バージョンを備えています。ウィル・ライトが生み出した『シムシティ（SimCity）』では、プレイヤーが街を作って運営します。バルブ（Valve）が制作した『Portal』では、時空間要素のパズルに挑みます。また、スクワッド（Squad）制作の『Kerbal Space Program』（図 3.3）では、数学、物理学、工学のスキルを使って工程を繰り返しつつ、宇宙船を建造します。

ビデオゲームでは、どんな環境やシステムでも、プレイヤーに安全に試してもらうことができます。人気のあるゲームを使うと、子どもが興味をもち、注意やその他の認知機能が高まって、無理なく学習に取り組めるようになることがあります（Dewey, 1913; Renninger and Hidi, 2016を参照）。教育現場では、こうしたゲームの力をツールとして活用するとよいでしょう。すでに述べたように、人気のある商用のビデオゲームの効力を根本的に調べる研究は行われていませんが、これらのツールを使って有意義な学習環境を築くときには、教師やその他の教育関係者が重要な役割を担うはずです。

教育用ゲームに関連してみておきたい話題がもうひとつあります。この種のゲームは「成長マインドセット」を強化する可能性があるということです（Dweck, 2006を参照）。このマインドセットでは、知性を固定的な状態ではなく、ひとつの過程として想定します。そして、成功や失敗の原因を、頭がいいか悪いかではなく、困難を乗り越える努力をするかどうかに求めます。こうしたマインドセットをもっている子どもや大人は、能力を上げることのほうが成績より重要で、失敗は学習過程の一部だと考えるでしょう。それが、根気よく取り組むことにつながり、結果をもたらすというわけです。

また、子どもが成果を上げたときにかしこいと言ってほめることは、避けたほうがよいとされています。なぜなら、そうやってほめられた子どもは、失敗したときに、自分がかしこくないからだ、自分にはなにもできないんだと考えるかもしれないからです。それよりいいのは、課題に費やした努力をほめることです。これなら子どもは、難しい課題に根気よく取り組んで乗り越えるということを学習できます。

多くのビデオゲームはプレイヤーに障害や失敗を突きつけて、プレイヤーが勝つまで撤回しません。ということは、ゲームをすると成長マインドセットが育まれるのでしょうか。この問いについては、研究が進められている途中です。現に、ビデオゲームで失敗してもだいたいはすぐに再挑戦できますが、学校で失敗すると、子どもが自分ってそんなにかしこくないんだと感じてしまう場合がありますよね。

ある相関研究では、頻繁にビデオゲームをする人とたまにしかしない人に、アナグラムや謎解きの問題を出し、解けない場合は飛ばしてもよいと指示したところ、頻繁にゲームをする人は、そうでない人よりも長く問題に取り組んでいました（Ventura et al., 2013）。学習内容がほかの状況に転移するまで根気よく取り組むという技術を、ビデオゲームを通じて習得できるかどうかは、今後の研究を待つ必要があります。

健康と幸福

ゲームを利用した健康増進や病気の予防と治療は、最近関心が高まっているトピックであり（Kowert, 2019を参照）、専門の査読つき学術雑誌（Games for Health Journal 誌）や学会（Games for Health）がこのテーマを重点的に取り扱っています。たとえば、アクションビデオゲームでのトレーニングは、弱視という視覚障害の診断を受けた成人患者の視力を向上させることがわかっています（Li et al., 2011）。

また、いくつかの研究では、子どもがビデオゲームを通じて特定の健康状態について詳しくなり、自分で管理できるようになる見込みがあることが明らかになっています。たとえば、糖尿病の子どもと10代の青年を対象とした臨床研究では、糖尿病の自己管理に関するビデオゲームを6か月プレイした患者は、別のビデオゲーム（ピンボール）をプレイした対照群の患者に比べて、救急治療室に運び込まれる回数が少ないという結果が示されました（Lieberman, 2001）。

がんの子どもたちのために作られた『Re-Mission』（図3.4）という有名なゲームでは、プレイヤーががん細胞を撃って戦います。このゲームをプレイした子どもは、別のビデオゲームをした対照群の子どもよりも、治療の指示をよく守り、がんに詳しくなっていました（Kato et al., 2008）。

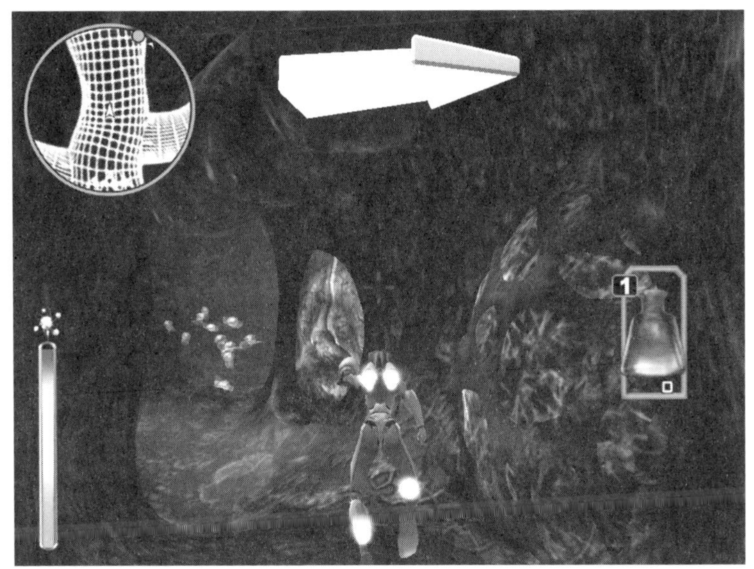

図 3.4 『Re-Mission』
© HopeLab

『MindLight』（図 3.5）は子どもが不安に立ち向かうのを支援するゲームで、不安を軽減する効果が確認されています（Schoneveld et al., 2018）。このゲームではバイオフィードバックを利用するので、プレイヤーは脳波を読み取るための電極をひたいに装着します。キャラクターは通常のコントローラーで動かすのですが、ゲームの世界を照らす明かりは精神の動きでコントロールします。プレイヤーがリラックスして深い呼吸をすると光の明るさが増し、プレイヤーがストレスを感じると光が

図 3.5 『MindLight』
© GainPlay Studio

暗くなってモンスターが現れるのです。このゲームでは、子どもが自分の不安をコントロールすることを、ゲームという安全な環境で学ぶことができます。

ほとんどの研究では、実験用に開発したゲームが用いられていますが、商用のゲームでも、『スーパーマリオ 64』（任天堂）などの自分の有能さを感じられるゲーム（内発的動機づけの自己決定理論を思い出してください）をプレイした人は、ゲームをする前よりも自尊感情が高くなり、気分が前向きになることがあるという研究結果が得られています（Ryan et al., 2006）。

特定の目的用にデザインされたビデオゲームは、若者の保健教育と体育に役立てることができます。また、体を動かして遊

図 3.6 『EndeavorRX』
© Akili Interactive

ぶビデオゲーム（フィットネスゲーム）は、運動の促進につながります（Papastergiou, 2009）。総じて、健康関連の行動を変えるためのビデオゲームをプレイすることは、知識の増加から態度や行動の変容にいたるまで、数多くの好ましい成果につながります（Baranowski et al., 2008）。ちなみに、アキリインタラクティブ（Akili Interactive）制作の『EndeavorRX』（図 3.6）は、2020年に注意欠如・多動性障害（ADHD: Attention-Deficit Hyperactivity Disorder）の子どもの治療に使用できる初のビデオゲームとして、米国食品医薬品局（FDA: Food and Drug Administration）に承認されました。

ビデオゲームが高齢者の生活の質を向上させる力についても、研究が進められています。たとえば、ローゼンバーグらの研究（Rosenberg et al., 2010）では、ある地域で暮らす高齢者が任天堂の『Wii Sports』で体を動かすゲームを3か月プレイしただけで、亜症候群性うつ病の改善が認められました。また別の研究では、特別に開発したビデオゲーム（『NeuroRacer』、図3.7）を使用して研究を実施したところ、そのゲームをプレイした高齢者（60～85歳）は、プレイしていない対照群と比べて、マルチタスクを行うときの負担が軽くなり、その効果が6か月にわたって持続しました（Anguera et al., 2013）。ビデオゲームは認知機能の衰えに抵抗するツールとしても期待できるかもしれません。

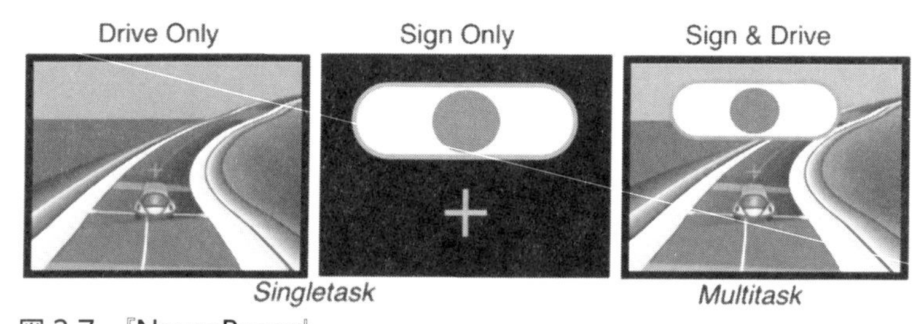

図 3.7 『NeuroRacer』
出所：https://web.archive.org/web/20140401031036/http://gazzaleylab.ucsf.edu/neuroracer.html

最後に取り上げるのは、プレイヤーが研究者に協力できるビデオゲームです。たとえば、グリッチャーズ（Glitchers）制作の『Sea Hero Quest』は、空間ナビゲーション能力を試すゲームですが、そのほかにプレイヤーの年齢などをたずねる質問をします。このゲームはこれまでに200万人以上がプレイしており、提供されたデータはすべて医師の分析を経て、アルツハイマー病の早期徴候を明らかにするための研究に活用されています。

ワシントン大学の研究者たちが2008年に制作した『Foldit』（図3.8）というゲームは、プレイヤーがタンパク質の立体構造をモデル化する、空間認識型の（タンパク質の構造を予測する）ゲームです。このゲームに参加したプレイヤーはオンラインで協力し合い、サルのエイズに関係するウイルスの結晶構造をすばやく解き明かして、研究に貢献しました。研究者たちも長年、この構造を見つけようと取り組んでいたのですが、それよ

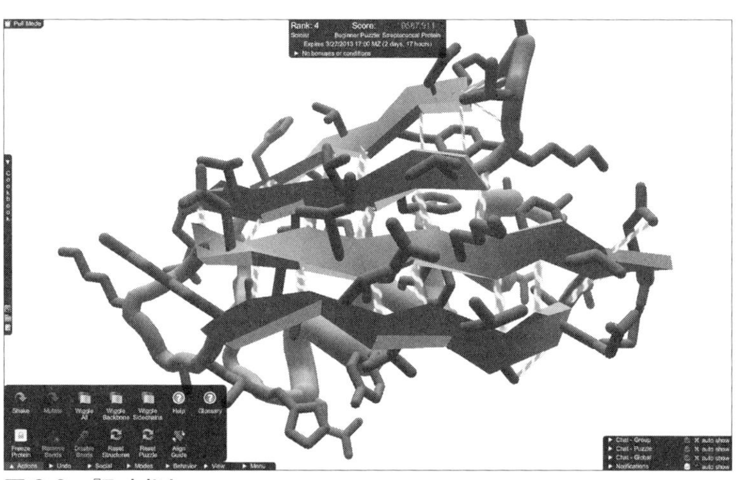

図 3.8 『Foldit』
出所：https://fold.it/

りもはるかに短い時間で発見することができました（Cooper et al., 2010）。そして本書を書いている2020年3月に、『Foldit』プレイヤーに新たな協力を依頼する呼びかけが行われました。SARS-CoV-2ウイルスと戦う能力をもつ蛋白をデザインする目的で、研究者をサポートするミッションです。このようにビデオゲームやゲーマーの貢献により、現実の世界がよくなる可能性があります。

ソーシャルスキルと社会的な影響

この数十年のあいだに、ビデオゲームの悪影響を調べる研究が数多く実施され、なかでもビデオゲームが攻撃的な行動を引き起こす可能性は重点的に検討されました（第4章で取り上げます）。しかしそれとは対照的に、ビデオゲームが社会のためになる（他人を助ける）行動をうながす可能性に目を向けた研究は、ごく少数でした。

グレイトマイヤーとオズワルドの研究（Greitemeyer and Osswald, 2010）では、人や社会のためになる（向社会的）行動をするビデオゲーム（『レミングス［Lemmings］』や『City Crisis』など）を8～10分プレイすると、中立的なゲーム（『テトリス』など）をプレイした場合に比べて、プレイ後すぐに、手軽な向社会的行動（落ちた鉛筆を拾ってあげるなど）と面倒な向社会的行動

（嫌がらせを受けている人を助けるなど）がどちらも増加しました。また『レミングス』をプレイした人は『テトリス』をした人に比べて共感性も高くなっていました（Greitemeyer et al., 2010）。

別の研究によると、向社会的行動をするビデオゲーム（『スーパーマリオサンシャイン』『ちびロボ！』）をプレイした青年は、協力、共有、共感、人助けの行動をしていました（Gentile et al., 2009）。

またある実験では、参加者が30分間暴力的なゲーム（『Quake 3』『Unreal Tournament』）をするグループ、30分間暴力的でないゲーム（『Zuma』『The Next Tetris』）をするグループ、なにもゲームをしないグループに分けて比較したところ、暴力的でないゲームをした参加者は、その後の課題で攻撃的な行動が少ないという結果になりました。なにもゲームをしなかった参加者よりも攻撃的な行動が少なかったのです（Sestir and Bartholow, 2010）。暴力的でないゲームをした人より、まったくゲームをしなかった人のほうが、その後の課題で攻撃的な反応を明らかに多く示したというのは、とても興味深い結果です。

初期のいくつかの研究によって、一部のビデオゲームは向社会的行動をうながしたり、攻撃的な行動を減らしたりすることがわかりましたが、ビデオゲームのなかにはもう一歩進んで、社会にインパクトを与えよう、あるいは意識を向上させようといった意図で作られているものもあります。映画や書籍など、

図 3.9 『Papers, Please』
"Papers, Please", 2013, Lucas Pope. © 3909 LLC. Used with permission.

ほかのメディアと同じく、メッセージを伝えることを目的としたビデオゲームです。

たとえば、ゲームデザイナーのルーカス・ポープが手がけた『Papers, Please』（図 3.9）は、架空の国境で入国審査官の任務につくゲームで、誰を入国させ、誰を入国させないかについての道徳的な選択をせまられます。インパクトゲームズ（ImpactGames）制作の『PeaceMaker』は、プレイヤーが政府を主導してイスラエルとパレスチナの紛争を平和に解決するシミュレーションゲームです。また、ジュヌブゲームズ（Junub Games）制作の『Salaam』はプレイヤーが難民の立場で行動するゲームで、作者のルアル・マイエンは自身が難民だった過去

図 3.10 『Sea of Solitude』

をもっています。また、ヨーマイゲームズ（Jo-Mei Games）の『Sea of Solitude』（図 3.10）はうつ病の理解を助けることをねらいとしていて、ストレンジループゲームズ（Strange Loop Games）の『Eco』（図 3.11）は、プレイヤーが力を合わせてある惑星の天然資源をやりくりしながら文明を築いていくシミュレーションゲームです。ザットゲームカンパニーの『Sky 星を紡ぐ子どもたち』は、他人に贈りものをして、意味のある社会的つながりを築くことをテーマとしていますし、トレイシー・フラートンとUSCゲームイノベーションラボ（USC Game Innovation Lab）の『Walden, a game』（図 3.12）は、作家ヘンリー・デイビッド・ソローの思想をもとにしたゲームで、

図 3.11 『Eco』
© Strange Loop Games, https://play.eco/

図 3.12 『Walden, a game』
Image courtesy of Tracy Fullerton and the Walden Team, copyright 2017.

シンプルな日々の中で考えをめぐらせる生活へとプレイヤーをいざないます。そしてこれらは一部の例にすぎません。

ビデオゲームのクリエイターは、芸術の創造性や豊かな思想をプレイヤーに示して、心を動かし、ものを考えさせることができます。この点では、ほかのジャンルの芸術とまったく同じです。毎年開かれるゲームの祭典、ゲームズフォーチェンジフェスティバル（Games for Change Festival）には、この種のビデオゲームが集まり、教育や健康への取り組みを支援するビデオゲームも名を連ねています。ビデオゲームは豊かで多様性に富む、インララクティブな芸術形式なのです。

この章のまとめ

ビデオゲームのメリット

どんな活動でもそうですが、ビデオゲームをすることは脳に影響を及ぼします。これまでの研究で得られた確実性の高い結果によると、特定の商用のビデオゲーム（ほとんどはアクションゲーム）でのトレーニングは、視力や視覚的注意能力、メンタルローテーションなどの空間認知能力に、長く持続する正の影響を及ぼす可能性があります。このように学習の結果が類似した課題に転移（近転移）することは珍しく、注目に値する利点です。ですが、音楽やチェスなどと同じく（Sala and Gobet, 2017）、ビデオゲームをすることで「賢くなる」わけではなさそうです。ゲーム中に習得した能力をそのままほかの領域に転移できればいいのですが、そうはいかないのです。

それでも、教育環境でツールとして使うことはできます。教育や医療に携わる人々はここに注目して、既存のゲーム（『マインクラフト』など）を教育に利用したり、教育や健康に関する目標を達成するためのビデオゲームを制作したりすることに関心を寄せています。

ビデオゲームをすることで得られる利益をより明確に把握するには、さらに研究を積み重ねる必要がありますが、すでにいくつかの前例から、特定のゲームが認知機能や健康習慣、向社会的行動を支援することがわかっています。また、バーチャルリアリティ（VR）のような新しいプラットフォームが登場したことで、バーチャル環境での実体験が可能になり、痛みの軽減や脳卒中のリハビリに活用したり、プレイヤーが別の身体を試してみたりすることができるようになりました（Bailey and Bailenson, 2017）。

ビデオゲームが創造性を抑制すると思う人もいるかもしれませんが、事実ではありません。子どもの創造性を測定したところ、ビデオゲームをする子どものほうが、そうでない子どもよりも高い評点を出していました（Jackson et al., 2012）。ビデオゲームが世界を救うとまではなかなかいきませんが、有望な可能性を秘めているとみることはできます。

つまるところ、ビデオゲームが私たちに利益をもたらすかどうかは一概には言えません。どのビデオゲームの話をしているのか、どんな文脈でプレイしているのかによって大きく左右されるからです。一口に「ビデオゲームの効果」と呼べるものはありません。本や映画、テレビ番組にさまざまな種類があるように、ゲームも多種多様だからです。バベリアらが言うように「ビデオゲームの効果というのは、食べ物の効果くらいのおおまかな話でしかありません」（Bavelier et al., 2011, p. 763）。

いまなお、あのゲームにはこんなメリットがある、といった未確認情報が出回っていますが、ビデオゲームに関する煽りのきいたニュースを見たり聞いたりしたときは、その詳細を確認するようにしましょう。それは相関研究の結果なのか、それとも実験研究の結果なのか。その研究に何人が参加し、その人たちは何歳くらいか。研究ではどんな種類のゲームが使われたのか。具体的になにを測定したのか。これらの情報を知らずして、その研究の結果を正しく理解することは不可能です。もし、いまここを読んでいるあなたがジャーナリストなら、いずれビデオゲーム研究についての記事を書くときに、ぜひとも以上のポイントを押さえてみてください。ある研究がどのように行われたかは、その研究の結果と同じくらい重要だからです。

ビデオゲームをすることは有害か？

ビデオゲームにはたくさんの懸念が向けられています。ビデオゲームより先に登場したマンガやロックンロール、ラジオもそうでした。新しいテクノロジーや慣習、表現は、人気が出てくると決まって厳しいチェックにさらされます。NPDグループ（市場調査会社）が2019年に出したレポートによると、2歳以上の米国人の73%がビデオゲームをプレイしています。

ビデオゲームがもたらす悪影響を特定し、とくに子どもに与える害を明らかにして、ビデオゲームとの望ましいつきあい方を推奨することは必要です。しかし、その推奨は明確で証拠に基づくものでなければなりません。第3章でお話ししたように、「ビデオゲーム」というカテゴリーの中身はさまざまです。加えて、子どもがビデオゲームをするときの文脈（ゲームをする動機づけや社会経済的な状況など）も非常に重要ですから、これを考慮しないわけにはいきません。それに、悪影響を調べる研究の多くは（よい影響に関する研究と同じく）相関があるかどうかを検討していて、それだけで因果関係を見極めることはできません。

以上を踏まえて、まずは暴力についてみていきましょう。ビデオゲームに対する調査のほとんどが、このテーマを扱っているからです。

ビデオゲームと暴力

暴力的なビデオゲームが子どもや10代の青年の攻撃的な行動に与える影響については、数十年にわたる研究の蓄積があります。これまでのビデオゲーム研究で重点的に取り組まれてきたテーマだけあって、これらの研究の結論は十分に議論されたものであることは確実です。なかには方法が疑問視されている研究や、多くの不備があることが判明して再検討を求められている研究もありますが（詳しくはFerguson, 2020を参照）、そのような議論の余地のある研究はここでは取り上げません。

さまざまなゲームがある中で、一部の暴力的なゲームはとても人気が高く、代表的なものには『コール オブ デューティ』シリーズや『グランド・セフト・オート』シリーズなどがあります。こうしたゲームは、ESRBレーティングシステム[1]で「M」（17歳以上向け）に分類されていても、その年齢に満たない子どもがプレイしていることが少なくありません。そのため、暴力的なゲームが現実世界で攻撃的な行動を増加させるかどうかを明らかにすることが重要です。ただし、実験研究で「攻撃的行動」として調べられる対象は、辛いものが苦手な人のサンドイッチにスパイシーソースをかけるといった軽めの行動であることがほとんどです。どれも「悪ふざけ」程度の攻撃であって、人を突き飛ばしたり、怒鳴ったり、なぐったりはしません。

1　監訳注：ESRB（エンターテインメントソフトウェアレイティング委員会）は、北米のビデオゲームのレーティングを行う団体。日本ではCEROが同様のレーティングを行っているが、審査方法は異なる。詳しくは藤原正仁（2017）「デジタルゲームのレーティングシステムの変遷と課題――CERO, PEGI, IARCの比較」『デジタルゲーム学研究』*9.2*, 1-13.

暴力的なビデオゲームに対する研究の多くは、攻撃的な行動を一般的に説明する「一般攻撃性モデル」（GAM：General Aggression Model）に沿って行われてきました。この節のテーマに関係する例には、暴力的なゲームをすると短期的に攻撃的な思考、感情、行動が増加し、長期的には攻撃的な態度や攻撃性が減少することを指摘した研究などがあります（Anderson et al., 2007）。

GAMは、心理学の教授であるアルバート・バンデューラの社会学習理論に発想を得ています。のちに「社会認知理論」と呼ばれるこの理論によると、人は周囲の事物に接することから学ぶだけでなく、他人を観察することによっても学びます。つまり、他人の行動を見て、新しい行動を学び、新しい信念をもつようになるわけですが、他人の攻撃的な行動も例外ではありません（Bandura, 1978）。意図的に人に危害を加えたり、物理的にものを破壊したりする行動も、他人から学んでしまうということですね。ただし、バンデューラの研究は攻撃性を十分にとらえていないという批判もあります（Tedeschi and Quigley, 1996）。

要するに、バンデューラによると、ロールモデル[2]は良くも悪くも人の行動に影響を及ぼす可能性があります。しかし、対話的なバーチャル環境でも同じような影響があるのでしょうか。

最近ではGAMに代わって「一般学習モデル」（GLM）が参照されるようになっています。GLMの想定では、あらゆる刺

2　編注：具体的な行動や考え方の模範となる人物のこと。（出典：コトバンク）

激（ビデオゲームを含む）は、複数の学習メカニズムを介して短期的な影響と長期的な影響の両方を及ぼします。なので、ゲームの影響はその内容によって異なることになります。この理論に従えば、向社会的な（人のためになる）ビデオゲームをすると短期的にも長期的にも向社会的行動が増え、暴力的なビデオゲームをすると短期的にも長期的にも攻撃的な行動が増えると考えられます。

前の章では、向社会的なビデオゲームが向社会的行動をうながすことを示した研究を紹介しました（Greitemeyer and Osswald, 2010）。一部の研究者からは、それなら同じように、暴力的なゲームは攻撃的な行動を助長するのではないかという懸念が示されています。たとえば、暴力的なゲームをした後に、プレイヤーが他人を怒鳴ったりするのではないかと。その一方で、調査でそのような行動は見られなかったという報告もあります。

さて、そうするとこんな問いが浮かびます。暴力的なゲームが攻撃的な行動を誘発するとしたら、それは長く続いて重大な結果を招くのか。端的に言えば、暴力的なビデオゲームをした人は、現実でも暴力をふるうようになるのでしょうか。アンダーソンらは、確固たる結果を引き出すために、多数の相関研究や実験研究、縦断研究を対象としたメタアナリシスを行いました（縦断研究とは、数週間または数か月、あるいは数年にわたって継続される研究です）（Anderson et al., 2010）。その結果、暴力的なビデオゲームをすることは、攻撃的な行動と感情、暴力的なコンテンツに対する脱感作（慣れて鈍感になること）、共感性の低下、向社会的行動の減少に正の関連があることが示されました。

ですが、すでに説明したように、相関があってもそれが因果関係かどうかはわかりませんし、もともと行動や感情が攻撃的な人が暴力的なビデオゲームに引きつけられやすいのではないか、という指摘も以前からありました。それらの点に答えるために、アンダーソンらは縦断研究を対象として解析を行いました。すると、暴力的なビデオゲームをプレイすることは、長期の有害な結果（攻撃的な行動や暴力に対する脱感作など）を引き起こすリスク因子であることが示されました。

もう一点。このメタアナリシスの対象になった実験研究では、暴力的なビデオゲームが攻撃性に短期間の影響を及ぼすことが示されていました。ただしこの影響について、アンダーソンらは「プライミング」効果（刺激を受けることで、関連する思考が一時的に活性化される現象。たとえば「椅子」という単語を見て、一時的に机のイメージが浮かぶなど）によるところが大きいとしています。以上の結果からアンダーソンらは、暴力的なビデオゲームをプレイすることは攻撃的な行動を引き起こすリスク因子であると結論づけています。

しかし、このアンダーソンらによる2010年のメタアナリシスと同じ実験データセットをヒルガードらが再解析したところろ、解析対象の実験研究群から示される暴力的なビデオゲームの影響は、アンダーソンらが示した結果より弱いという結論になりました（Hilgard et al., 2017）。ここからヒルガードらは、攻撃性の理論はこれまで主張されていたよりも弱いものであり、観察結果における「プライミング」を強調したものだったと示唆しています。つまり、ある行動のことを考える（たとえば、暴力的なビデオゲームをしていて攻撃的な気持ちになる）にすぎないのに、短期的にその行動を実行する可能性が高くなるとしていたのです。

GAMには重大な批判があり、GAMを裏づける証拠が見つからなかったという報告もあります。たとえばシュビルスキーとワインシュタインによる最近の研究（Przybylski and Weinstein, 2019）では、10代の青少年（14～15歳の参加者1000人以上）のうち、暴力的なビデオゲームをよくプレイする人は、そうでない人よりも高レベルの攻撃的行動を示すかどうかを調べました。その結果、暴力的なビデオゲームを好むかどうかで、青少年の攻撃的行動に明らかなちがいは認められませんでした。また、別の最近の研究（Kühn, 2019）では、同じ課題の縦断研究を実施しました。成人の参加者に2か月間、2種類のビデオゲームをプレイしてもらい、攻撃性、衝動性に関連する構成概念、気分、不安、共感、対人関係能力、実行機能の測定値に対する影響を調べました。参加者の一部は、ロックスターゲームズ（Rockstar

Games）の『グランド・セフト・オート』という暴力的なゲームを2か月にわたってプレイする群に割り振られました。そのほかの参加者は、非暴力的なライフシミュレーションゲームである『ザ・シムズ3』（販売元はエレクトロニック・アーツ）をプレイする群か、なんのゲームもしない群に割り振られました。これらの参加者に対して介入（2か月間のゲームプレイ）の前後にテストが実施され、2か月後に追跡調査が行われました。その結果、暴力的なビデオゲームをしたことで生じたとみられる負の影響は確認されず、GAMは支持されませんでした。

ほかにも、メディアは攻撃的な行動に対する非常に弱い遠因であり、大きな影響は及ぼさないとする理論がいくつかあります。たとえば「触媒モデル」理論では、攻撃性や暴力的な行動は、遺伝的要因と幼少期の厳しい環境や現在のストレスが組み合わさって引き起こされると考えられています（Ferguson et al., 2008）。

この話題をめぐって、ゲーム研究分野には2つの立場があるようです。一方は暴力的なビデオゲームはプレイヤーの攻撃性を長期にわたって高めると主張し、もう一方はそれに同意していません。この問題を解明するための取り組みとして、アメリカ心理学会（APA）はどちらの「陣営」とも直接的な利害関係のない専門家を選出し、研究文献の調査を依頼しました。暴力的なビデオゲームをプレイすることの影響について、APAの知見と方針を新たにするための調査です。そのレビューに参加した専門家たちは、検討の結果、暴力的なビデオゲームに接することは、攻撃的な行動の増大、攻撃的な感情の増幅、脱感作の促進、共感の低下に関連すると判断しました（Calvert et al., 2017）。そして「暴力的なビデオゲームをすることは、有害な結果を招く可能性のあるリスク因子であるが、暴力的なビデオゲームと非行や犯罪行為との潜在的な関連を調査した研究は十分に行われていない」と結論づけました。要するに、暴力的なビデオゲームが原因で、プレイヤーが実際に暴力をふるうようになるという証拠はありません。

2020年2月にAPAは改訂版の決議文を発表し、多数の最新研究を踏まえて、銃乱射などの現実で起きる暴力の原因を暴力的なビデオゲームのせいにするべきでないという見解を示しました。この決議文は以下のURLで公開されています（www.apa.org/about/policy/resolution-violevideo-games.pdf）。

これに対して、APA内のメディア心理学部会がAPAに公開質問状[3]を提出し、APAの決議文でゲームは攻撃的な行動に関連すると述べられているが、この点については研究で一貫した証拠が得られていないために誤解を招くものだと声明を出しました。APAにその下部組織であるメディア心理学部会が異議を唱えるという珍事が生じているというわけです。

暴力的なビデオゲームが現実の暴力を直接引き起こすことは

3　https://www.scribd.com/document/448927394/Division-46-Letter-to-the-APA-criticizing-it-s-recent-review-of-video-game-violence-literature#download

なさそうですが、オンラインゲームでプレイヤーが汚い言葉で相手を挑発したり、いじめなどの反社会的な行為に関与したりする可能性があるので、そうならないように取り組む必要があります。

過去には、レーシングゲームをしたプレイヤーが高いリスクを好むようになるという可能性が指摘されたこともあります（Fischer et al., 2009）。しかし現時点では、ビデオゲームが攻撃性に及ぼす影響については一貫した証拠が得られていません。いまも論争は続いていますが、もしあなたにビデオゲームで遊んでいる子どもやティーンエイジャーがいたら、ESRB.org（北米）やPEGI.info（ヨーロッパ）のウェブサイトで、そのゲームのコンテンツレーティングを調べてみることをお勧めします[4]。これらのサイトは、保護者の意思決定を支援することを目的としています。そのほか、暴力的なビデオゲームがもたらす負の影響は、チームで仲間と協力してプレイすると弱くなることがあるようです。共通の目標を達成するために、チームメイトと助け合いながらゲームをする場合は、ソロプレイの場合に比べて、暴力的なビデオゲームの負の影響が薄れる（たとえばゲーム後に仲間との協調性が高まる）のです。チームで協力してプレイすると、団結をより強く感じて、仲間を信頼するようになり、ひいては協力的な行動が増えることがわかっています（Greitemeyer et al., 2012）。

4　監訳注：日本では、CEROのウェブサイト（https://www.cero.gr.jp）でゲームのタイトル検索ができる。

学校の成績

前章では、ビデオゲームが視覚的注意能力を向上させる可能性があることについてお話ししました。ですが、動きの速いビデオゲームをすると、プレイヤー（とくに子ども）は作業に集中し続けることや認知的な制御を行うことが苦手になるのではないか（たとえば、作業に関係のないものや情報に気をとられやすくなるのではないか）ということも懸念されています。

ビデオゲームは学業に悪影響を及ぼすのかどうかという問題は、以前から大きな関心の的になっています。小児期中期の子ども1000人が参加して行われたある縦断研究（13か月以上の実施期間）では、保護者と子どもが申告したテレビとビデオゲーム（ゲームの種類は問わない）の視聴時間と、教師が報告した注意すべき問題とのあいだに関連がみられました（Swing et al., 2010）。ただし、この研究ではビデオゲームの視聴時間をすべてまとめて測定しているので、どんな種類のゲームが問題になるのかは明らかになっていません。それから、ここでもやはり、相関と因果関係は別物であることに注意してください。たとえばこの研究結果を使って、注意力が散漫な子どもはビデオゲームに長く引きつけられる傾向が強いのだと解釈することもできます。

また別の相関研究では、テレビ視聴の総時間、ビデオゲームをプレイした総時間、暴力的なビデオゲームをプレイしたかどうかが、10代の青少年の成績不振に関連していることが示されました（Gentile et al., 2004）。ですが、ここでもさっきと同じく、成績のよくない青少年がビデオゲームなら有能さを感じられるので長時間ゲームをするようになる、と解釈することもできます。ちなみに別の研究では、この関連が認められませんでした（Ferguson, 2011）。

ワイスとセランコスキーの実験（Weis and Cerankosky, 2010）では、ゲーム機を購入するつもりのある家庭に、研究に参加してもらう代わりに無料でゲーム機を提供しました。この実験には、6～9歳の男児64人が参加しました。子どもたちは最初に読み書き能力の評価を受けました（事前テスト）。それから、半数の子どもはすぐにゲーム機を受け取り、もう半数の子どもは4か月後に受け取りました。すぐにゲーム機を受け取った子どもは、4か月後に受け取った子どもより、事後テストの成績が悪いという結果になりました。この実験結果は、ビデオゲームが学業成績に悪影響を及ぼす可能性があることを示しています。この結果に関して、ビデオゲームで遊ぶことは、放課後の教育活動に取って代わり、一部の子どもの読み書き能力の発達を妨げるのではないかという仮説があります。これは「置き換え効果」と呼ばれる現象で、要するに、ゲームをしているあいだ、ほかの活動をしなくなるということです。たとえばある相関研究では、10代のゲーマーはゲームをしない同年代と比べて宿題をする時間が34%短いという結果が出ています（Cummings and Vandewater, 2007）。

ある相関研究（Cain et al., 2016）では、ビデオゲームにとどまらず、青年のメディアマルチタスキング（スマートフォンでビデオゲームをしながらテレビを見るなど、複数のメディアを同時に利用すること）は、実行機能の低下（作業記憶の容量の限界による）、学業成績の悪化、成長マインドセット（知性を伸ばすことができるという考え方）の減退に関連していました。

大人もマルチタスクをしますし（第1章で効率が悪いと指摘しましたけど）、スマートフォンに気をとられたりもしています。ラデスキーらの研究で、ファストフードの飲食店で1人以上の幼児に付き添っている人を観察したところ、そのうちの72%が食事中にモバイル機器を使用していて、テーブルにモバイル機器を置くだけの人から、子どもそっちのけで端末に注意を奪われている人までさまざまでした（Radesky et al., 2014）。

ビデオゲームが学業成績に及ぼす影響を理解するにはもっと研究が必要ですが、少なくとも言えるのは、大事な活動（宿題や仕事など）に集中せず、マルチタスクをしたりスマートフォンやビデオゲームをしながら取り組んだりすると、本来の力を発揮できないということです。

過度の病的なゲーム行動

最近、子どもがビデオゲームに対する「嗜癖」を起こすのではないかと心配する保護者が増えています。まずは、「嗜癖」とはなにかを明らかにしておきましょう。というのも、単にゲームに没頭してひっきりなしにプレイしているだけでは、嗜癖を起こしているとは言えないからです。嗜癖の厳密な定義については専門家のあいだで議論が続いている（Heather, 2017）ので、ここでは簡潔な嗜癖の説明を試みることにします。

一般に嗜癖とは、有害な結果を招くとわかっているのに、特定の物質を使うことをやめられない状態のことです。なので「嗜癖」という用語は、ほとんどがアルコールや麻薬、タバコなどの物質を使用すること、すなわち「物質嗜癖」を指して用いられます。この種の嗜癖では通常、特定の物質に対する身体依存が生じています。たとえば、ヘロインは脳内のオピオイド受容体に結合し、強い快感を引き起こします。この薬物には非常に強い習慣性があり、使用するとホルモンを分泌する器官や神経系のバランスが乱れて、容易には元に戻らなくなり、著しい耐性と身体依存が生じます。物質によっては、身体依存を起こしてもヘロインほど強烈ではなかったり、主に精神的な依存を引き起こすものだったりしますが、いずれにせよその影響を軽視できるものではありません。

また「行動嗜癖」という、物質に関連して発生するものとは別の嗜癖があります。セックスや買い物、スポーツなどの行動に対する嗜癖がこれに含まれます。この文章を執筆している時点で、唯一「ギャンブル障害」だけが、医師が精神障害の診断に使う『精神疾患の診断・統計マニュアル（DSM-5）』に行動嗜癖として記載されています。DSM-5には「インターネットゲーム障害」についての記述もありますが、カフェイン使用障害とともに、さらなる研究を要する障害という扱いで分類されています。こうした位置づけにもかかわらず、DSM-5では、物質嗜癖の症状を参考にして、以下のようなインターネットゲーム障害を診断するための症状が提案されています。

・ゲームにとらわれている。
・ゲームを禁じられたりゲームができなくなったりしたときに離脱症状が出る（悲しみ、不安、いらだち）。
・耐性：長時間プレイしないと、ゲームに対する渇望が満たされない。
・ゲームを減らすことができず、ゲームをやめようとしても失敗する。
・ゲームのためにほかの活動をやめたり、過去に楽しんでいた活動への興味を失ったりしている。
・問題が起きているのに、ゲームがやめられない。

・ゲームをした時間のことで、家族やほかの人にうそをついた。
・罪悪感や絶望など、いやな気分をまぎらわすためにゲームをしている。
・ゲームのために、仕事や人間関係を危険にさらしたり失ったりしている。

DSM-5では、ゲームをすることで「（臨床的に）意味のある機能障害や苦痛」が生じ、1年以内に上記のうち5つ以上の症状が生じている場合にインターネットゲーム障害と診断できる、という基準案が示されています。そのため、1項目に該当しただけで病的だということにはなりません。当てはまる項目が0～4個なら、通常の範囲内です。5つ以上の症状に当てはまり、複数の生活領域に支障をきたしている場合にのみ、その人のゲーム習慣は病的であるとみなされます。これらの「インターネットゲーム障害」の症状は行動嗜癖に物質嗜癖の症状を当てはめたもので、専門家のあいだでも意見が割れていて、まだ議論が続いてコンセンサス（意見の一致）が得られていないことに留意してください。

2017年後半に世界保健機関（WHO）は、2018年に公表する「国際疾病分類（ICD）」の第11版で、ゲーム障害を新しい障害として認定する予定であることを発表しました。この決定は、いくつかの議論を呼び起こしました。たとえば、APAのメディア心理学部会とアイルランド心理学会は共同声明を出し、WHOの診断基準に対する不同意を表明して「この障害については研究による証拠が不十分であり、質の高い科学によって特定された障害というより、モラルパニックの産物としてとらえたほうがよいだろう」と主張しています。

問題のある状況や病的な状態でゲームを続け、苦しんでいるであろう人がいること、そして、その人たちに対する支援が必要だということに議論の余地はありません。研究者や嗜癖の専門家の論点になっているもっと大きな問いは、問題のあるゲーム行動は新たな障害が原因で引き起こされるのだろうか、あるいはそう考えるべきなのだろうかということです（Aarseth et al., 2017）。スポーツや仕事、あるいは買い物でも、問題のある行動をとっている人はいますが、DSM-5やICDにはそうした行動に関係する特定の障害は掲載されていません。

問題のあるゲーム行動は、うつや不安などの根底にある問題に対処するメカニズムとして考えるべきであると主張する立場があります（Plante et al., 2019）。その一方で、違法薬物を使う、セックスをする、ものを食べるといった、報酬につながる「オペラント（自発的な）」行動は嗜癖を起こすことがあるので（第1章でみたオペラント条件づけ）、ビデオゲームも同じように「本物の」嗜癖になりうるという見方もあります（Foddy, 2017）。

後者の見方は、ビデオゲームをすると、ギャンブルや薬物、食べ物と同じパターンで報酬の活性化（神経伝達物質であるドーパミンの放出など）が起きるという事実に基づいています。脳内でのドーパミンの放出量は、ビデオゲームをプレイすると約100％増加する（Koepp et al., 1998）ことがわかっていますが、食べ物やセックスなどで「自然な」報酬を得たときは150～300％増加します（Allerton and Blake, 2008）。瞑想でもドーパミン量は65％増えます（Kjaer et al., 2002）。また、違法薬物のメタンフェタミン（覚醒剤）を使用すると、ドーパミン量が1000％以上増加します（Allerton and Blake, 2008）。これらの知見に照らすと、大食いの人は、薬物がやめられない人のように、食べ物がやめられなくなっているのだと思うかもしれません。フォディはこの観点から「ビデオゲームが本当に嗜癖性なのであれば、意図的な行動はすべて嗜癖を起こす可能性があると考えられるのではないか」と述べています（Foddy, 2017）。

いまだにドーパミン、セロトニン、ノルアドレナリンなどの神経伝達物質が嗜癖に果たす役割は解明されておらず（Whiting et al., 2018）、薬物使用（コカインやアルコールなど）により増加したドーパミン量から、その薬物に対して嗜癖を起こす人の割合や重症度を予測することはできません。したがって、病的なゲーム行動を「ドーパミンがドバドバ出る」などとまとめるのは単純化もはなはだしい認識であり、ゲーム障害の本質を理解する助けにはなりませんし、ゲーム障害に苦しむ人の支援策を考えるうえでも役に立ちません。病的なゲーム行動の病因、リスク因子、最適な治療法を特定するには、さらに研究を重ねる必要があります。

病的なゲーム行動を理解するための別の観点に、第２章の動機づけの節で触れた自己決定理論（SDT）があります。その復習になりますが、人は有能さ、自律性、関係性に対する欲求を満たすことができる活動に内発的に動機づけられ、熱心に取り組むようになります（これとは対照的に、オペラント条件づけでは外部の報酬が意味をもちます）。

最近の研究では、インターネットゲーム障害の症状を訴えるゲーマーは、現実の生活よりもゲーム内で欲求を満たしている人が多いことが示されています（Allen and Anderson, 2018）。このことからわかるのは、現実の生活よりも、特定のビデオゲームをプレイすることで内発的な欲求を満たしているゲーマーはリスクが大きいということです。また別の研究でも同様に、ゲーム障害はプレイヤーの環境で満たされない心理的欲求がもたらす機能不全であることが示されています（Weinstein et al., 2017）。

問題のあるゲーム行動の理解に向けて、研究者や嗜癖の専門家が取り組まなければならない課題は数多く残されています。そのようなゲーム行動の神経生物学的、心理学的、社会的な基盤を明らかにして、固有の障害とみるべきかどうかを検討しなければなりません。ですが、かたや現実では、健全とは言えない形で膨大な時間をゲームに費やしている人が、睡眠不足になりながら社会とのつながりをもたずに過ごしています（Allison et al., 2006)。重要なのは、熱心にゲームをしていることと病的なゲーム行動とを区別することです。頻繁にゲームをしているだけでは、病的な行動とは言えないからです。

全世界のゲーマー人口は20億人以上にのぼると言われるなか、シュビルスキー、ワインシュタイン、ムラヤマは、一般集団の0.3～1%程度がインターネットゲーム障害の診断基準を満たすと推定しました（Przybylski et al., 2017)。その一方で、ビデオゲームをする人の3分の2以上はインターネットゲーム障害の症状をなにも報告していないので、インターネットを介したゲームはギャンブルに比べるとはるかに嗜癖を起こしにくいのではないかという見解を示しました。しかし、米国の8～18歳の子ども1178人を対象として行われた別の研究では、ビデオゲームをする子どもの約8%に病的なゲーム行動のパターンがみられました。病的なパターンを示した子どもたちは、学業成績でも低い評価を受けていました（Gentile, 2009)。

このように研究結果が一致していないので、さらに研究を重ねて、病的なゲーム行動についての理解を深め、予防と治療に役立つ明確な推奨を確立して、一般とゲーム業界の双方に共通の内容を勧告できるようにする必要があります。これと並行して、モラルパニック[5]を起こさないように努めることも重要です。モラルパニックによって、数十億のゲーマーに負のレッテルが貼りつけられ、実際に病的なゲーム行動に悩まされている人の苦難が過小評価されてしまうことは避けなければなりません。

数日間の合宿でゲーム断ちをする「デトックスキャンプ」の導入に懸念の声が多く上がったのも、モラルパニックを警戒してのことです。つまり、ビデオゲームのことばかりが注目されてしまい、症状の根底にある育児放棄や不安などが見過ごされるのではないか、という指摘です。ゲームのリハビリプログラムは非常に高額であることが多いですしね[6]。もちろん他方には、社会で「ゲーム障害」が認知されることで、ゲームをやめられない人のつらさが理解されるようになり、苦しんでいる人の適切な支援につながる研究が進むだろうという研究者や医療専門家の意見もあります。

いずれにせよ、お子さんがゲームをしている家庭では、どんな種類のゲームをどんなモードで誰とプレイしているか、睡眠はしっかりとれているか、ほかの活動（宿題など）や人づきあいなどを軽視していないかを保護者の方が気にかけてあげてください。ビデオゲームの中には「嗜癖性をもつようにデザイン」されていて、スロットマシンによく似たしくみを備えているものがあります（Schüll, 2012）。この話題については、倫理に関する次章で「アテンションエコノミー（関心の経済）」の概

5　訳注：社会の一部が、他の一部の行動やライフスタイルの選択を、社会全体にとって重大な脅威であるとみなすこと。教会が地動説を唱える科学者を異端視した歴史や、ラジオや映画の若者への影響が社会問題視された風潮もモラルパニックとされている。
6　監訳注：これはアメリカで生まれた「デジタルデトックス」キャンプがシリコンバレーの富裕層向けサービスだったことを指している。

念とともに取り上げます。

病的なゲーム行動は実在しますし、支援を必要としている人もいます。ですが、ビデオゲームに対する固有の嗜癖があるかどうか、あるならばその原因はなにか、治療法はどうするかといった点に関する議論はまだまだ続くでしょう。この件はさらに研究を重ねて慎重に検討すべきであり、政策立案者も動向を注視しています。当面は、ゲームへの没頭と病的なゲーム行動とを区別することが、スティグマ（ゲーマーへのレッテル貼り）を避け、本当の嗜癖の苦しみを過小評価しないために有効な手立てであり、この問題についての建設的な対話をうながす一助になるでしょう。

睡眠

毎晩しっかり眠ることは、心と体の健康に欠かせない重要な活動です。とくに子どもや10代の青少年にとって、睡眠は健全な発達、学習、記憶のために不可欠です。最近、電子メディアが睡眠に及ぼす悪影響が問題視されつつあり、とくに青少年はその影響を受けやすいので注目されています。

ビデオゲームをする頻度が高いほど、入眠までの時間が長く（なかなか寝つけず）、睡眠時間または寝床にいる時間が短く、日中の疲労感が強いようです（つまり相関関係があります）。夕方や夜間に行われるコンピューターやゲーム機器の使用については、米国の10代の24%は午後9時以降にビデオゲームをしているという報告があります。

就寝前にビデオゲームをする、またはコンピューターを使用すると、それに関連して睡眠時間が短くなり、日中の疲労感が強くなり、睡眠の質が全体的に低下します。そのため、子どもや青年が電子メディアを使うと、特定の条件下で睡眠の短縮や質の低下を伴いますが、正確な影響とメカニズムはわかっていません（Cain and Gradisar, 2010を参照）。まだ実験研究があまり行われていないので、ビデオゲームをすることと睡眠の長さや質とのあいだに因果関係があるかどうかは不明です。ただし、それらの実験研究によれば、就寝前に50分ほどビデオゲームをした場合の睡眠への影響はわずかであることが確認されています（Weaver et al., 2010）。

別の研究では、10代の男性17人を対象として、より長い時間のビデオゲームが睡眠にどのような影響を及ぼすかを比べました（150分と50分を比較）（King et al., 2013）。すると、長時間（150分）ビデオゲームをした場合のほうが、普段のプレイ時間（50分）だけビデオゲームをした場合より27分、睡眠時間が短いという結果になりました。このように、寝る前に暴力的なビデオゲームを長時間（150分）プレイすると、睡眠時間に悪い影響があるのでお勧めできません。

ビデオゲームと睡眠に関する懸念には、主に次の3点があります。(1) ビデオゲームをするために、睡眠時間が削られているのではないか、(2) 寝る前にアクション要素の多い暴力的なゲームをすると（認知的または心理的に）覚醒状態になり、眠りに入るまでの時間が長くなるのではないか、(3) 明るい光を浴びることで、プレイヤーの概日リズム（体内時計の周期）が変化するのではないか。

3番目の仮説は、ビデオゲームのプレイ時間にとどまらず「スクリーンタイム（画面視聴時間）」全般が睡眠に及ぼす悪影響の話につながります。ある研究で、米国の子ども5万人以上から収集したデータを解析したところ、子どもがデジタル画面を1時間見るごとに、夜間の睡眠時間が3～8分少なくなっていました（Przybylski, 2019）。デジタル機器のスクリーンタイムは、それ自体では睡眠にわずかな負の影響を及ぼすだけのようですが、では、どんな種類のスクリーンタイムが睡眠に影響を及ぼすのでしょうか。「スクリーンタイム」もまた、「ビデオゲーム」と同じく幅広いカテゴリーです。本を読む、友達とおしゃべりする、ドキュメンタリーを視聴する、アクション満載のビデオゲームをするといったように、私たちはスクリーンを見ながらいろいろなことをしています。だから、どんな種類の活動が睡眠によくないかを調べることが、有益な情報につながるはずです。たとえば、ビデオゲームに関してなら、寝る前に暴力的なゲームを150分プレイすると、総睡眠時間に悪影響がありますが、50分なら影響は小さくてすみます。どんな種類のゲームを、どんなタイミングで（平日と休日、あるいは昼間と夜間の比較）、どのくらいの時間にわたってプレイするかといった、さまざまな条件下でのゲームの影響を正確に解明するには、さらなる研究が必要です。

総じて、中程度のスクリーンタイムは健康に悪い影響を及ぼさないようですが（Przybylski and Weinstein, 2017）、子どもでも10代の青少年でも、あるいは大人であっても、一日のうちにさまざまな活動に取り組んで体を動かすことはもちろん大切です。

先にお話ししたように、体を動かす要素を含んだビデオゲームもあります（ナイアンティック制作の大人気ゲーム『ポケモン GO』など）。なので、健康への影響を検討するときは、対象とするビデオゲームがどんなタイプなのかを明確にすることが大事です。ただ、そうは言っても、多くのビデオゲームは座ってプレイします。ビデオゲームとスクリーンタイムが睡眠や健康全般に及ぼす影響を理解するには、今後の研究を待つ必要がありますが、座ったままのライフスタイルは心身の健康にあまりよくないということは意識しておきましょう。

反社会的行為

ソーシャルメディアを見たりオンラインの記事についたコメントを読んだりしていると、人っていつも話し相手に丁寧に接するわけじゃないなとか、それどころじゃなくひどいよなと思うことがありますよね。複数人でプレイするオンラインビデオゲームもそうした残念な行為と無縁ではなく、最近ではプレイヤーが集まったりコンサートを見たりするだけのオンライン社交空間が増えているので、なおさら目にする機会も多いのではないでしょうか。悲しいことに、オンラインゲームでは、差別、侮辱、いじめ、嫌がらせを体験することが少なくありません。これらの行為はいわゆる「反社会的行為」に相当し、その被害を受けたプレイヤーをとても不快にすることがあります。

ビデオゲーム業界は、この問題に真剣に対処しようとしています。プレイヤーが反社会的行為を体験すると、ゲームに没頭しにくくなるという証拠がいくつかありますし、そもそもそんな行為を受けると不快で、つらい気持ちになったりするからです。大多数のプレイヤーは、嫌がらせを受けたくてゲームを始めるわけではないですよね。ゲームスタジオは反社会的行為を減らし、プレイヤーを守る手段をいろいろと講じています。たとえば、ライオットゲームズ（Riot Games）は、同社のマルチプレイヤーオンラインバトルアリーナ（MOBA）ゲームの

『リーグ・オブ・レジェンド（League of Legends）』で反社会的行為を減らす対策を実験していることで有名です（Kou and Nardi, 2013）。また、160社以上のビデオゲーム企業が提携してフェアプレイアライアンス（fairplayalliance.org）という団体を設立し、オンラインゲームでの反社会的行動をできるだけ減らすことを目標として、効果的なベストプラクティスの共有を図っています。

こうした取り組みには、行動ルールを定めてプレイヤーにルールを守ってもらう、侮辱や嫌がらせをしている人を報告するように呼びかける、ルールに違反した人を一定期間そのゲームをプレイできないように制限するなどの方法があります。また、プレイヤーは有能さを感じていないときに（内発的動機づけの自己決定理論を思い出してください）、攻撃的な思考や感情をもちやすく、攻撃的な行動が増える傾向にあることが複数の証拠で裏づけられています（Przybylski et al., 2014）。つまり、プレイヤーが自分の上達を感じられないゲームは、反社会的行為を助長する可能性があるということです。ゲーム業界がこの問題に取り組んでいるのは確かですが、オンラインゲームにおける反社会的行為は当分なくなりそうになく、ほかのオンラインプラットフォームと同様に、プレイヤーがその被害を受けることは今後もあるでしょう。

女性や軽くみられがちな属性の人はオンラインで反社会的行

為を受けるリスクが高いと言われますが、これは子どもにも当てはまります。小児科学の学術誌である「ペディアトリクス」誌に掲載された臨床報告（O'Keeffe and Clarke-Pearson, 2011）によると、子どもと10代の青少年は自己管理能力が不十分で同調圧力に弱いので、オンラインで行動するときのリスクが高いそうです。

以前からオフライン（現実社会）に存在する、いじめ、派閥の形成、性的な働きかけなどの問題は、オンラインの現状でも、ネットいじめ、トローリング（嫌がらせや荒らし行為）、プライバシーの侵害、「セクスティング」（性的なメッセージや画像などのやりとり）などの形でよくみられます。保護者は、子どもがオンラインでの反社会的行為（および児童虐待などの犯罪行為）に巻き込まれないように、現実社会と同じように対応しなければなりません。これまでと異なるのは、保護者がテクノロジーに詳しいとは限らないこと、そして子どもが好きなときにオンラインにアクセスできることです（とくに自分のスマートフォンをもっている場合）。だからこそ、子どもと保護者の双方がメディアリテラシーを学び、誰もが安全にオンラインの世界に足を踏み入れられるようにしていくことが肝心です。

この章のまとめ

ビデオゲームの悪影響

ひとくくりに言うなら、ビデオゲームは善でも悪でもありません。どの角度から見るかによって、インタラクティブな芸術形式にも、プラットフォームにも、楽しい遊びにもなる、きわめて多様なメディアです。主に屋外でプレイするビデオゲームもあれば、家の中でプレイするものもあり、暴力的なものや平和なもの、一人でプレイするもの、ほかの人と競争したり協力したりするものと、さまざまなゲームがあります。

ビデオゲームの害になりうる影響を理解するには、「ビデオゲーム」全体を対象とするのではなく、個別に検討する必要があります。第3章では、ビデオゲームのもたらす利点が誇張されがちだと述べましたが、悪い面についてもそれと同じことが言えます。すべては、どんなゲームをどんな文脈でプレイしているのかにかかっているのです。暴力的なビデオゲームは悪い面がよく目立ちますし、非常に人気のあるゲームのいくつかは暴力的なゲーム（『コール オブ デューティ』シリーズや『グランド・セフト・オート』シリーズなど）ですが、そういうゲームばかりでもありません（『マインクラフト』や『ポケモン』シリーズなど）。また、ESRBやPEGIのレーティングを見れば、市販のゲームに暴力やギャンブルの要素が含まれているかどうかといった情報を知ることができます。

また別の悪い面に、ビデオゲームのやりすぎがあります。病的とまではいかなくても、ほかの活動（宿題や運動など）を犠牲にしたり睡眠を削ったりしてゲームをし続けることは、明らかに有害です。とは言え、10代の青少年を含むほとんどのゲーマーは、ほどほどにゲームをしています。どんな活動でもやりすぎは毒になり、ビデオゲームも例外ではありません。

いま課題になっているのは、どのくらいビデオゲームをすればやりすぎなのかを明らかにすることです。これがわかれば、保護者が若いゲーマーを指導するときに役立つでしょう。それから、ついつい長くゲームをしてしまうしくみや状況を突き止めることも必要です（次章で「アテンションエコノミー」について論じます）。また、児童やティーンエイジャーたちはゲームをしながら、どんな活動に関与しているのかを理解することも重要です。ビデオゲームはそれ自体が社会的なプラットフォームになっていて、プレイヤーたちが集まって過ごすための居場所でもあるからです。10代の青少年にとって社会生活は非常に重要で、多くの社会的活動がオンラインで行われています。ビデオゲームをしながらの人づきあいもそのひとつです。いまの10代の57％は、新しい友人にオンラインで出会ったことがあって、52％が友人とビデオゲームをしながら過ごしたことがあるそうです（Lenhart et al., 2015）。ビデオゲームのプレイ時間を調べるときは、この側面を考慮に入れることが重要です。

アンドリュー・シュビルスキーが指摘したように「ゲーム行動について広く巻き起こっている恐怖と希望は、どちらも誇張されたものだろう」（Przybylski, 2014, p. 6）と言えます。今後も厳密な研究を積み重ねて、ビデオゲームが子どもの健康と行動に及ぼす影響を正確にとらえ、政策立案者、保護者、ビデオゲーム業界の関係者向けに確かな証拠に基づくガイドラインを作成する必要があります。ビデオゲームは、ほかのエンターテインメントと同じく、万人が楽しめるものであるべきです。

ビデオゲーム業界の倫理

ビデオゲームは、多種多様なゲームのしくみ、世界観、概念、ストーリーを体験できる、対話的で豊かな芸術形式です。また、世界中で大人気のエンターテインメントであり、人々を強く魅了する作品がいくつもあります。ビデオゲームがプレイヤーに影響を及ぼすことは確かですが、総じて一般に言われているよりはおだやかで、ゲームの種類やプレイ時の状況に応じて良い影響と悪い影響の両方があります。

第2章で説明したゲームユーザー体験（UX）のマインドセットは、ゲーム開発プロセスの全体を通じて人間を第一に考えます。このアプローチをとるゲームクリエイターは、だれでも手軽にプレイでき、安全で、あらゆるプレイヤーを排除しないゲームの制作に注力し、楽しくて夢中になれる体験を提供できるよう最善をつくします。その際、この目標を達成するために、ヒューマンファクター心理学が示す原理と科学的方法が用いられます。このアプローチは、脳の知識を使って観客を楽しませるマジシャンの手法に似ているかもしれません。たとえば、マジシャンは人間の限りある注意資源を巧みに操作して見る人を翻弄し、見る側もそれをわかって楽しみます。しかし、そのように注意を操作するテクニックは、スリが獲物をねらうときに使われることもあります。

UXマインドセットは、人間の限界を考慮し、個々のプレイヤーを尊重することで、魔法のような体験を創出します。利益のために人間の限界につけこむようなものでは断じてありません。採算がとれるかどうかは、ゲームスタジオおよび独立系の開発者にとってもちろん重要な点ですが、それ自体をビジネス目標とするのではなく、いつでもプレイヤーの興味と幸福を最優先とすべきです。だから、ゲームUXに基づく戦略を立てるときは、倫理を第一に考える必要があるのですが、残念ながらゲーム業界ではこれまで、倫理があまり語られてきませんでした。この章では、ビデオゲームを制作するときに考慮したい重要なポイントをUXの観点からいくつか提案します。

ダークパターン

「ダークパターン」はたいてい、ビジネス目標が人間より優先されるときに現れます。これは人をあざむくために作られたデザインのことであり、多くの場合、ユーザーの負担を増やして、ビジネスの利益を最大化するために用いられます。ユーザーをだまして損をさせ、会社が得をするためのしくみです。

たとえば、とても人気のあるオンラインプラットフォームで買い物をするとします。あなたはカートに商品をいくつか入れ、カートの中身を表示して「会計に進む」ボタンをクリックしました。すると、画面にたくさん文章が並び、その下に大きなオレンジのボタンが表示されました。ボタンには「開始する」と書かれています。そのときは急いでいたし、ほかにやることもあったので、文章は読まずにボタンをクリックして支払いを済ませ、そのウェブサイトを閉じました。

実はこのとき、あなたは月額課金の「プライム」メンバーに登録してしまったのですが、そのことに気づくのはしばらく経ったあとでした（そのうえ登録解除の手続きが複雑な場合もあったりします）。プライムメンバーに登録せずに支払いをするには、小さい字で書かれたリンクをクリックする必要があったのに、人の注意力は限られていますから、そのときは気づかなかったのです。これは明らかなダークパターンです。つまり、無自覚のユーザーに自分の損になる行動をとらせて、会社の利益を増やそうというデザインです。

ダークパターンをもう一例。スマートフォンの画面に表示された広告の話です。ある企業のスニーカーの画像が掲載されている広告だったのですが、それを見ていたユーザーはふと、画面に髪の毛がついているのに気づきました。本物の髪の毛だと思ったユーザーは、指で払って画面の外に落とそうとしました。しかし、その髪の毛は広告の一部だったので、広告をスワイプしたことになり、スポンサー企業のストアにアクセスする結果になりました。

この例でもやはり、明らかにユーザーがだまされて、出資した企業を利する行動をとらされています。こうしたダークパターンに興味があれば、UXの専門家ハリー・ブリグナルのウェブサイト（darkpatterns.org）を見てみてください。

ダークパターンはみえみえのものばかりとは限りません。巧妙でわかりにくいものもあります。ダン・アリエリーが著作『予想どおりに不合理』（Ariely, 2008）で挙げている例を見てみましょう。ある雑誌の定期購読に、次の3つの方法で申し込めるとします。

A　オンライン版を1年購読する場合は、59ドル。
B　紙の雑誌を1年購読する場合は、125ドル。
C　オンライン版と紙版の両方を1年購読する場合は、125ドル。

選択肢BとCは同じ価格（125ドル）ですが、選択肢Cは明らかにBより価値があります。これらの選択肢が人の選択に及ぼす影響を調べるために、アリエリーはMITの学生を100人集めて、3つの価格設定から1つを選んでもらう実験を行いました。その結果、ほとんどの学生（84人）は選択肢Cを、16人は選択肢Aを選び、選択肢Bを選んだ学生はいませんでした。ということは、選択肢Bは無用だったのでしょうか。価値が小さいものに同じ料金を払いたくないですからね。

そこで、アリエリーは選択肢Bをなくし、新しい参加者を集めて再テストを行いました。すると今度は、ほとんどの学生

（68人）が選択肢Aを選び、Cを選んだ学生は32人になりました。人の行動は環境に影響を受けることがあって、この場合は「おとり効果」が関係しています。つまり、判断をまぎらわせる（おとりの）選択肢（B）があるときのほうが、高い価格の選択肢（C）が魅力的に感じられるというわけです。ということは、おとり効果は明らかに企業の利益になり（収益が増え）、ユーザーの損になる（お金を多く出すよう影響される）ので、ダークパターンだと言えるでしょう。

おとり効果は多くの産業や企業によって採用されていて、ゲーム産業で使われることもあります。多くの無料プレイのゲームでは、プレイヤーが現実のお金でゲーム内通貨（そのゲームの中で購入に使えるコインや「ジェム」など）を購入できます。おとりは販売時の選択肢としてよく用いられ、おとりがあると、プレイヤーがより高い値段のパッケージを買ってしまうことがあります。

ゲームで収益を上げるために設置されるルートボックス（ガチャ）も、巧妙なダークパターンの手口です。ルートボックスとは、中に報酬が入ったカードパックや箱であり、プレイヤーがゲーム内通貨（ジェムなど）で買うことができます。購入後にクリックして開けると、お宝アイテムが出ることもあれば、つまらないハズレを引くこともあります。

このような報酬は確率で変化するので、変動比率報酬と呼ばれます。この種の報酬は、第1章で紹介したB・F・スキナーのオペラント条件づけ実験でも使われていました。スキナーが発見したのは、変動報酬は予測できる一定の報酬より、驚くほど魅力的だということでした。ラットは、ときどき食べ物が出てくるレバーのほうを多く押していたのです。結果がランダムに得られるほうがゲームはドキドキしておもしろくなるので、この特性は広く利用されていて、いろんなゲームにサイコロを振ったりカードを引いたりする要素が入っています。

変動報酬を採用すること自体が悪いのではありません。しかし、ユーザーにお金を多く出させるために使おうとすると、ダークパターンへの道へと踏み出すことになります。スロットマシンがそうですし、ルートボックスもそうです。さらに、未成年者を標的にするルートボックスは、まちがいなく倫理に反しています。成人期を迎えていない人の脳は、まだ成熟の途中だからです。

脳の前頭前野という領域は25歳くらいまで発達を続けます。この脳領域は、衝動や自動的な行動の制御などに関与します。子どもや10代の青少年は前頭前野が未成熟なので、特定の状況で自動的に起きる反応を制御することが、大人に比べてはるかに大変です。このような脳の発達上の理由から、子どもはセルフコントロールが苦手ですし（大人が限度を決めてあげないとうまくいかないことがよくありますよね）、ティーンエージャーはリスクの高い行動をとる傾向が大人より強いのです。

だから、企業の収益につながるルートボックスは、子どもはもちろん青年にとっても、ゲームをするときに気をつけるポイントになります。とくに、人気のあるゲームをプレイしている子は、いいアイテムを入手しなければ取り残される感じがして、どうしてもルートボックスを購入したくなることがあります。はやりの格好をしていないことが同調圧力やいじめの原因になるように、現代のオンライン上では、バーチャルなグッズをめぐってそれらの問題が起きかねないのです。

ゲーム開発者の側で、誰がゲームをプレイするかをコントロールすることは簡単ではなく、カジノのように身分証明書でチェックするというわけにはいきません。そのため、ベルギーなどいくつかの国では、ゲーム内にルートボックスを置くことを一律に禁止しています。その理由は、ルートボックスは少なくとも心理的にはギャンブルとみなされるから、そして、規定の年齢に満たないプレイヤーがゲームに参加し、目当ての変動報酬をゲットするために時間やお金をつぎ込んでいても、ゲームスタジオはそれを管理できないからです。

以上の例は、どんなしくみがダークパターンに該当し、それを利用することがなぜ倫理的によくないのかを説明するために紹介しました。ほかに、一見するとダークパターンのようでありながら、実際はユーザーにとって有益に働くので、優れた

図 5.1 『ワールド・オブ・ウォークラフト』（画面は『World of Warcraft: Dragonflight』）

UX 事例と言えるものもあります。アクティビジョン・ブリザード社のロールプレイングゲーム『ワールド・オブ・ウォークラフト（World of Warcraft）』（図 5.1）の例をみてみましょう。

このゲームでは、プレイヤーが時間をかけてキャラクターを育成することができます。ゲーム内で育てたキャラクターを消去しようとすると、確認画面が表示され、本当に消してかまわないかとプレイヤーの意思が確認されます。これに対して、キャラクターを本当に消す場合は、テキストボックスに「DELETE（消去）」と入力しなければなりません。

さて、キャラクターを消す前に2回プレイヤーに考えさせるこの方法は、ダークパターンでしょうか。プレイヤーはキャラクターを消したらゲームをやめてしまうかもしれないので、それを遅らせるという点では、ブリザード社にとって有益かもしれません。しかし、まちがってキャラクターを消してしまわないように確認するという点では、プレイヤーにも有益です。プレイヤーは何時間、何週間、何か月、場合によっては何年もかけてキャラクターを育てるので、うっかり消してしまう事故を避けるために余分な手続きを入れることは、適正な措置だと言えます。そんなことになったら、プレイヤーは激しく後悔するでしょうから。この方法は、「エラーの防止」（第2章を参照）のユーザビリティガイドラインに関係しています。ユーザーが自分に不利益な行動をとらないように（作業を2時間も続けた後に保存せずソフトウェアを終了するなど）、確認画面で「物理的な負担」を大きくして（実行に必要なクリック数を増やして）、本当に実行したいアクションかどうかを確かめる方法は、多くの場合に適切です。

プレイヤーに「DELETE」と入力してもらうというのは、自分の行動に注意を向けさせ、結果を十分に意識させる効果があるので、よいUXです。しかしこのときに、消去しようとしているキャラクターが悲しい顔をしたり泣いたりするようであれば、罪悪感につけこむダークパターンだと言えるでしょう。

まとめると、ダークパターンとは、ユーザーに損をさせて企業がもうけようというずるいデザインであり、よいUXの実践とは、ユーザーを尊重しつつビジネス目標を達成しようとする取り組みです。

そしてもうひとつ「悪いUX」もあります。ユーザーを惑わせたり、まちがう可能性が残っていたりはするものの、意図的ではないデザインがそれです。たとえば、インターフェイスがよくなくて、1回目の操作がうまくいったかどうかがわかりにくいので、ユーザーが同じ製品を二度買ってしまう場合などです。この種の問題は、だます意図があったのではなく、デザイン段階での見過ごしが原因で発生します。UXマインドセットでデザインを進める場合は、UXの問題をすべて正確に調べあげ、ユーザーに大きな害を与えかねない問題はとくによく検討します。

ゲームスタジオがプレイヤーを大事にするつもりなら、ダークパターンを使うべきではありません。UXマインドセットをもつゲーム開発者や発売元は、あくまでもプレイヤーの体験を第一に考えて開発に取り組むことができます。未成年のプレイヤーが多いゲームでは、この姿勢がとくに大切です。

アテンションエコノミー

人の注意は有限で貴重なので、言いたいことや売りたいものがある人が、ときにはきわどい手法を使ってでも、人々の関心を引こうとねらっています。下にスクロールすれば延々とコンテンツが出てくる無限スクロール（フェイスブックやツイッターなど）、自動再生（ユーチューブやネットフリックスなど）、プッシュ通知（すべてのソーシャルメディアや多くのモバイルゲームなど）といった機能の力で、ユーザーはいつのまにかそのプラットフォームに引き込まれ、少しだけのつもりがずっと見続けてしまうことがあります。このように人々の注意や関心が価値あるものとして扱われる状況のことを「アテンションエコノミー（関心の経済）」と言います。

さらに、これらの手法の中には明らかに倫理に反していて、ダークパターンと考えてよいものもあります。ユーザーを熱中させ続ける手法として目を引くものに、元Googleで計算機科学から倫理学に転じたトリスタン・ハリスが指摘した、スナップチャット（Snapchat、スマートフォン向けの写真共有アプリ）のストリーク機能があります（図5.2）。この機能は、2人のユーザーがやりとりをした連続日数を表示します。これを見たユーザーは、その日数を延ばしていきたくなるでしょう。

とくにこの機能の影響を受けやすいのは、10歳前後の子どもやもう少し年上の青少年です。この年頃の子たちにとって、友人とのつながりは非常に重要なものだからです。だれも「150日の連続記録を途切れさせたやつ」になりたくないですよね。それに未成年の脳は成熟の途中なので、余計に影響され

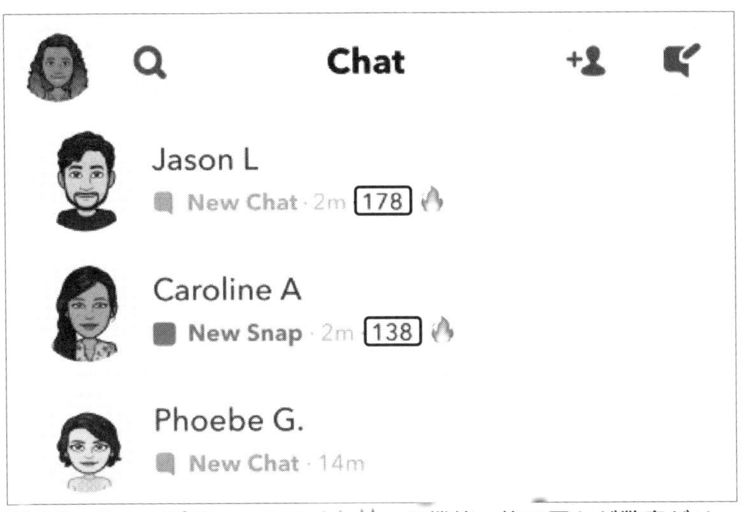

図5.2　スナップチャットのストリーク機能。枠で囲んだ数字がメッセージを送り合った日数を示す。
出所：Snapchat 公式サイト

やすいというわけです。

ここでもまた、ある機能がよいUXの事例なのかどうか、どうしたらダークパターンになってしまうのかを簡単に判断できるとは限りません。たとえば、お得意さま優待キャンペーンは、一般的に受け入れられている手法ですし、期待されてもいます。よく利用するお店やブランド、ゲームがある人は、常連向けの特典はないのかなと思ったりしませんか。毎朝同じ店でコーヒーを買っていて、ときどき無料のコーヒーがもらえたらありがたいし、コーヒーを30杯買うと、おまけでマグカップがもらえるキャンペーンがあったらいいですよね。

ここで少しちがう状況を考えてみましょう。あるコーヒーショップが新しいキャンペーンを始めました。有名アーティストのサイン入りのマグカップがもらえるのだそうです。それには、キャンペーン期間内にコーヒーを30杯買わなければならないのですが、このキャンペーンはたった1か月（30日）しか実施されず、終わってしまえば、もうマグは手に入りません。こうなると、もはや優待特典ではないような感じです。このマグが絶対にほしい人は、無理をしてでも、この店で毎日コーヒーを飲むしかありません。コーヒーの購入を1日でも欠かすと景品がもらえなくなるというのは、商品（コーヒー）をよく買ってくれる人への報酬というより、利用をやめた人への罰になっています。

無料プレイのゲームでは、ゲームスタジオが活動を続けていけるように、プレイヤーに参加し続けて（定期的にゲームに戻ってきて）もらい、ときどきなにかを購入してもらう必要があります。なので、プレイヤーが戻ってきたときに報酬を出すという形で、優待特典の手法を使うことがよくあります。

プレイヤーがゲームから離れることに罰を与えるというしくみは、倫理的な一線を越えています。たとえば、プレイヤーが一定の日数までログインを重ねなければ人気のある報酬が得られないようにする手法は、これに該当するでしょう。また、シーズン限定の報酬を用意し、期限までに交換ポイントをコツコツ稼がなければと思わせて、何度もゲームをするように仕向けるやり方もあります。いずれも「チャンスを逃したくない」「取り残されたくない」という不安な気持ちにつけこんでいるのです。

ユーザーの幸せを考えず、自分たちのビジネスと収益を優先する企業は、次第にダークパターンを取り入れるようになっていきます。ユーザーのことを第一に考え、Win-Win のマインドセットをもっている（ユーザーにもビジネスにも利益があるように取り組む）企業は、UX の戦略や文化に接近していくでしょう。ゲーム業界は倫理について考え、超えてはいけない一線を定める必要があります。

ゲーム制作は大変な作業です。ほとんどの無料ゲームはかろうじて存続できている状態なのに、ゲーマーからの要求は増えるばかりです。定期的に新しいコンテンツを出さなければ、プレイヤーに飽きられ、別のゲームに移られてしまいます。そのゲームのプロジェクトは終了し、悪くするとスタジオがつぶれてしまうかもしれません（たとえば、『ウォーキング・デッド』のビデオゲームシリーズを手がけたテルテールゲームズの倒産など）。それをおそれたゲームスタジオが、ほかのゲームで成功したビジネスモデル（シーズン課金など）や機能（ルートボックスなど）をそのまま取り入れ、倫理的かどうかを自問自答せずに、自分たちのゲームを存続させようとすることがよくあります。

なかには、これらの手法の威力をよく知っていて、故意に利用しているスタジオもあるでしょう。ゲーム開発者は、人を引きつける手法を使用するのであれば、その心理的な影響を十分に理解しておく必要があります。子どもや青年がプレイするゲームの場合は、よりいっそうの配慮が求められます。

ゲームから離れることに報酬を出し、健康なゲーム行動をうながす方法もあります。たとえば、『ワールド・オブ・ウォークラフト』のレスト（休憩）システムは、プレイヤーがゲームを休憩すると、再開したときに経験値が多く得られるようになるしくみです。とにかく、ゲームから離れることを罰するシステムだけは避けなければなりません。

ゲームのコンテンツ

第4章で、暴力的なビデオゲームがプレイヤーの暴力行為を現実に引き起こすわけではないという話をしました。しかし、だからといって、ゲーム開発者が自分たちのゲームの内容に注意を払わなくていいことにはなりません。完全に中立的なデザインは存在しないのです。ゲームは必ず（報酬を与えたり、罰を与えなかったりすることで）なんらかの行動を助長しますし、（罰を与えたり、報酬を与えなかったりすることで）別の行動をとらせないようにもします。ゲーム開発者はこのやり方を利用して、プレイヤーにゲームに慣れてもらい、全体として楽しませます。

しかし、開発者が想定や制御もできない反社会的な行為が、偶然か故意かにかかわらず、ゲーム内で発生することがあります。マルチプレイヤーのゲームには行動規範が定められていることが多く、ほかのプレイヤーに対して迷惑行為（嫌がらせなど）をしたプレイヤーは、一定期間にわたってゲームに参加できなくなるなどの処罰を受けることもあります。

ゲームスタジオは最小限、自分たちのゲーム内でプレイヤーがどんな行動をさかんに行い、どんな行動をあまりとらなくなるかを監視して、ゲーム内やゲームコミュニティのプラットフォームでみんなが楽しく安全に過ごせるよう配慮する必要があります。さらに、楽しさを提供するという名目のもとで、なにが「普通」とされているか（もっと言えば、なにが美化されているか）をよく考える必要があります。ミゲル・シカールが著書 *The Ethics of Computer Games* で記しているように「ゲームはルールによって行動を強制する」（2009, p. 22）のです。

私はここで、道徳に反する行為（ゲーム内での殺人など）をコンテンツとして含むゲームをすることは、倫理的によくないと主張しているのではありません。そうではなく、シカールと同様に、プレイヤーは道徳的な行為者であり、ゲームの世界でも自分で行動を選択できる存在だと言いたいのです。たとえば

『グランド・セフト・オートV』のプレイヤーは、車で歩行者をひき殺すことができます。ところが『ドライバー サンフランシスコ（Driver: San Francisco)』では、プレイヤーにその選択肢はありません（歩行者が必ず車をよけてしまうので)。

いわゆる「サンドボックス」ゲームでは、シナリオのあるゲームより自由に行動できますが、それでもプレイヤーの行動の幅はゲームデザイナーの想定した範囲内に収まります。たとえば、『グランド・セフト・オート：バイスシティ』（ESRBシステムのレーティングはM[17歳以上向け]、PEGIシステムでは18+）では、娼婦とセックスをして体力値を回復させることができ、そのあと相手を殺して払った金を奪い取ることができます。このゲームのシステムと状況の中では、この行為は必ずしも不道徳とされるわけではなく、ゲーマーなら、ゲーム内で利益を最大化しつつコストを最小化するいい方法（「ミニマックス法」と呼ばれる行動）だと言うでしょう。しかし、このゲームには、娼婦のシーンでコストの最小化と利益の最大化を達成する別の方法が用意されていません。娼婦と友人や恋仲になって、体力回復のコストを減らすという選択肢はないのです。

ここからわかるように「サンドボックス」というゲーム形式でも、どんな行動が可能で、なにをすれば報酬が得られるか、あるいは罰を受けるかは、ゲームデザイナーによって限定されています。ゲームの中で、倫理的でない行為で報酬を得ることができるのに、倫理的な行為の選択肢すら用意されていないとなれば、そのゲームは非倫理的なコンテンツを含んでいると言えるでしょう（たとえば、ライオンヘッドスタジオ［Lionhead Studios］制作の『ブラック＆ホワイト［Black & White］』では、倫理的な行為もそうでない行為もすることができます）。

倫理的でないコンテンツを含むゲームがあることと、そうしたゲームが現実の社会に不道徳的な影響を及ぼすことは別の話です。しかし、だからといってゲームコンテンツの倫理面を考えなくてよいというわけではありません。そのうえ、まだ確定的ではありませんが、いくつかの研究で、映像メディアが特定の集団に対するユーザーの態度、考え、先入観に影響を及ぼす可能性があるという結果が出ています。

たとえば、メディア作品での女性やその他の主流とみなされない人々の描かれ方が、それらの人々に対するステレオタイプや行動に影響することがあります。サリームとアンダーソンの研究では、イスラム教徒が敵キャラのテロリストとして登場するという、よくあるステレオタイプを含んだ暴力的なゲームが、イスラム教徒に対するステレオタイプを強化しました（Saleem and Anderson, 2013）。また別の研究（Saleem et al., 2017）では、イスラム教徒をテロリストとして報じるニュースに接した米国人は、国内でまたは国際的にイスラム教徒を迫害する政策を支持する傾向を示しました。

人の認知（つまり知識）は知覚に影響しますし、特定の集団に対するステレオタイプは、自分が育った文化によって形成されがちです。なかでも社会の中で明確に非難されていないステレオタイプは、とくに成立しやすいでしょう。ですが、それでどんな影響があるかは、まだよくわかっていません。男性より女性が能力的に低く描かれているエンターテインメント作品をよく見る人が、このステレオタイプを強くとがめられることのない環境にいたら、まるで普遍的な真実であるかのように、この有害なステレオタイプを自然にもつようになるかもしれません。これと同じように、広告や映画で歯磨き粉が歯ブラシの横幅いっぱいに出されているのをしょっちゅう見ていたら、それが正しいやり方だと思う人もいるでしょう（実はちがっていて、歯ブラシにつける歯磨き粉は豆粒ほどがよいそうです）。

もちろん、女性や主流とみなされない人々に対するふるまい方と歯磨き粉の使い方は、比較できるような話ではありません。ここで言いたいのは、人は環境や文化によって条件づけられ、影響を受けて、よくも悪くも行動を左右されるということ、そして、ビデオゲームはエンターテインメント消費の市場で大きなシェアを占めているということです。

どんなゲームであっても、たとえば、女性が自分の身体をどのようにとらえるか（Lindner et al., 2019）といった問題に、ゲームが単独で影響を及ぼすわけではありません。ですが、私たちの文化では全般的に女性がモノとして扱われるという事実は疑いようがなく、いくらかはその影響を受けて、暗黙のうちに社会に広がる偏った考え方が強化されることになります。そのようなステレオタイプや偏見があるとしても、それはゲーム業界の失策ではありませんが、ゲーム会社も文化の一部を担っているわけですから、この問題に配慮する責任を免れることはできません。

この章のまとめ

ゲーム業界の倫理

ビデオゲームは社会での影響力をさらに増しつつあり、ひとつの芸術形式として、いまや文化の一部になっています。その中でゲーム業界は、倫理の問題を優先的に考える必要があります。プレイヤーにできるだけ質の高い体験を提供することを目指すのであれば、ダークパターンを認識して使用を控えること、アテンションエコノミーにとらわれないこと、そしてゲームが表現する道徳的価値に注意を払うことが欠かせません。

倫理に関する話題はデリケートで、白黒のはっきりしない話ばかりです。ゲームスタジオの倫理綱領があれば、開発者や発売元がグレーゾーンを慎重に踏みわけ、越えてはいけない一線を見極めるときの参考になりますし、プレイヤーを常に尊重しつつ、楽しませるゲーム制作にも役立つでしょう。

おわりに

ゲームの体験は、プレイヤーの心の中で起こります。だから、脳の機能や制約を理解しておけば、ゲームクリエイターが目標を達成するうえで非常に役立つ知識になります。ゲーム制作は大変な作業ですし、毎年膨大な数のゲームがリリースされているので、その中でゲームスタジオや独立系の開発者が成功するのは並大抵のことではありません。

ゲームユーザー体験（UX）は、開発プロセス全体で常にターゲット層のユーザーを中心に据え、ユーザーのことを第一に考えて決定を下すためのマインドセットです。このゲームUXは心理学などの認知科学に根ざした考え方で、ヒューマンコンピューターインタラクション（人とコンピューターの相互行為）の原則を適用しつつ、科学的な方法を用いて、制作チームが提供したい体験をターゲット層に届けます。端的に言うならば、心理学や全般的な科学知識を裏づけとして、いいゲームを作るということです。

ゲームUXの二本柱は、ユーザビリティ（ゲームのわかりやすさ、操作しやすさ）とエンゲージアビリティ（ゲームのおもしろさ）です。ひとつとして同じゲームはないので、ゲームUXフレームワークはすべてのプレイヤーを楽しませるためのガイドラインとして、あるいはゲームのおもしろさを作り込むための素材として利用できます。

ゲームがリリースされ、それで遊んだプレイヤーは、そのゲームの影響を受けます。人生のあらゆる体験と同じですね。ただ、ゲームは対話的で深い没頭を引き起こすことがあるので、それだけ影響も強くなる可能性があります。心理学や科学全般の見地から、ゲームをプレイすることが研究されるのはそのためです。

ビデオゲームの利益と潜在的な害については多くの主張がありますが、これらは全体的に誇張されていて、事実に基づくというよりは、意見としての性格が強いものが多くみられます。研究によって、特定のゲームが認知的な利益をもたらす可能性が示されていて、なかでも視覚的注意能力と空間認知については確かに利益がありそうですが、ゲームをすればプレイヤーが総合的に「かしこく」なるというわけではないようです。

ときには、教育や健康上の利益を得るためにビデオゲーム製品が効果的に活用されることもありますが、その利益の多くは、ゲーム自体の効果というよりも、熱心な教師や協力的な医療専門家のおかげで得られています。この意味で、今後ビデオゲームはよい目的のための**ツール**として使えそうなので、その潜在能力をよく理解する必要があります。また、意識向上を図り社会的影響を高めるための文化的プラットフォームにもなります。

しかし、ビデオゲームによっては負の側面もあります。軽度の攻撃的な感情や行動を助長する可能性があること（ただし、この点は研究者のあいだで激しい議論が交わされています）、そして一部のプレイヤーが病的なゲーム行動に苦しむことです。複数の研究で、特定のビデオゲームをある時間より長くプレイすることは、学業成績の低下と睡眠に関連があることが示されています。あとは、複数人でプレイするオンラインゲームをしていると、反社会的行為を受けて不快な思いをすることがあります。ゲームスタジオはこの問題に本気で取り組んでいますが、効果のほどはまちまちです。

現時点で20億人を超えるとされるゲーマーの大多数にとって、ビデオゲームをすることは、ただ単に楽しい活動です。ビデオゲームというカテゴリーの中身は均質なものではなく、ちょうどいろいろな味の食べ物があるように、ビデオゲームも多種多様です。そういうものなので、ビデオゲームが世界を救うことはありませんが、邪悪な力を及ぼす存在でもありません。ですが、ビデオゲームのもつ力と限界について考え、ゲームの倫理について要点を話し合うことは必要です。

UXマインドセットをもつことは、プレイヤーを尊重し、常にプレイヤーの健康に配慮するということです。ゲームUXの観点で重要なのは、できるだけ質の高い体験をすべてのプレイヤーに提供するとともに、アクセシビリティやインクルージョンへの配慮を欠かさず、反社会的行動の被害を受けないように保護することです。ほかの倫理的な面について考えることも重要で、なかでもゲームのビジネスモデルが適切かどうかを検討する（ダークパターンやアテンションエコノミーのトリックを使わないようにする）ことや、提供するコンテンツに問題がないかを考慮することが大事です。

これらの制約に対応できたとき、ビデオゲームは無数の方法でさまざまな環境やアイデア、感情を体験できる刺激的なメディアになります。今後、ゲームの力が、教育、健康、社会的影響の面でどう創造的に活用されるのか、そしてどんな新しいおもしろさが生まれてくるのか。それらが明らかになる日を、私は心から待ち望んでいます。プレイヤーが実際に試して学ぶことができ、そのフィードバックがすぐに返ってくるという、ほかのメディアにない特性を備えたビデオゲームは、これからの時代に有効に活用されるはずです。

疫病の大流行、制度的人種差別と不平等、世界各地の大規模な難民危機、気候の緊急事態など、いまの世界で起きている惨事を目にすれば、誰でも自分の無力さを感じることがあると思います。ビデオゲームを使って、シミュレーションを楽しみながら制度実験を試みて、全世界の個人や集団への影響を観察することも可能になるでしょう。エヌデミッククリエイションズ（Ndemic Creations）の『Plague Inc.——伝染病株式会社』やストレンジループ（Strange Loop）の『Eco』（図3.11）などのゲームは、その典型です。人工知能や新しいプラットフォーム（VRやARなど）の登場といったテクノロジーの進歩により、いまはまだ想像もつかない形をとりながら、ゲームプレイは豊かになっていくでしょう。

ゲームはどうやって作られるのか、ゲームのなにが愛されるのか、ゲームのまわりにどんな文化ができているのかといった点を、多くの人に理解してもらうことが必要です。また、ゲームの可能性を探究する研究をさらに進めながら、研究で得られた証拠に従って、一般の人、政策立案者、研究者、ジャーナリストたちが意見を交わし、バランスのとれた認識が得られるように取り組んでいくことも必要です。

ビデオゲームの潜在的な利点と限界を証拠に基づいて正確に理解すれば、この胸躍るメディアを最大限に活用できるようになります。それだけでなく、教育、健康、社会的影響に関する目標を達成するうえで、どんなときにビデオゲームが適さないか、どうしてふさわしくないのかについても、理解を深めることができます。ビデオゲームは特定の状況で大きな威力を発揮します。そうした強みを詳しく調べて、さらに大きな成果を目指して伸ばしていかなければなりません。

ほとんどのビデオゲームは、プレイヤーの疑念を取り払い、明るい魔法のような体験を味わってもらいたいと願うデザイナー、アーティスト、エンジニアをはじめ、多くの関係者の情熱によって作られています。ビデオゲームは豊かで多様性に富んだ芸術形式であり、私たちの文化の一部です。

この本を通じて、ゲーマーにはビデオゲームへの愛をいっそう強めてもらえたら、そして、ゲーマーでない人にはゲームをしてみたいと思ってもらえたら本望です。ここまでの話におつきあいいただいて、ありがとうございました。最後はゲーマー流に、GLHF（good luck, have fun ＝幸運を祈る、楽しんで）！

本書で引用した文献

Aarseth, E., Bean, A. M., Boonen, H., Colder Carras, M., Coulson, M., Das, D., Deleuze, J., Dunkels, E., Edman, J., Ferguson, C. J., Haagsma, M. C., Helmersson Bergmark, K., Hussain, Z., Jansz, J., Kardefelt-Winther, D., Kutner, L., Markey, P., Nielsen, R. K., Prause, N., Przybylski, A., Quandt, T., Schimmenti, A., Starcevic, V., Stutman, G., Van Looy, J., & Van Rooij, A. J. (2017). Scholars' open debate paper on the World Health Organization ICD-11 gaming disorder proposal. *Journal of Behavioral Addiction*, *6*, 267–270. https://doi.org/10.1556/2006.5.2016.088

Allen, J. J., & Anderson, C. A. (2018). Satisfaction and frustration of basic psychological needs in the real world and in video games predict Internet gaming disorder scores and well-being. Computers in *Human Behavior*, *84*, 220–229.

Allerton, M., & Blake, W. (2008). The "Party Drug" crystal methamphetamine: Risk factor for the acquisition of HIV. *The Permanente Journal*, 12, 56–58.

Allison, S. E., von Wahlde, L., Shockley, T., & Gabbard, G. O. (2006). The development of the self in the era of the internet and role-playing fantasy games. *American Journal of Psychiatry*, *163*, 381–385.

Anderson, C. A., Gentile, D. A., & Buckley, K. E. (2007). *Violent Video Game Effects on Children and Adolescents: Theory, Research, and Public Policy.* New York: Oxford University Press.

Anderson, C. A., Shibuya, A., Ihori, N., Swing, E. L., Bushman, B. J., Sakamoto, A., Rothstein, H. R., & Saleem, M. (2010). Violent video game effects on aggression, empathy, and prosocial behavior in Eastern and Western countries. *Psychological Bulletin*, *136*, 151–173.

Anguera, J. A., Boccanfuso, J., Rintoul, J. L., Al-Hashimi, O., Faraji, F., Janowich, J., Kong, E., Larraburo, Y., Rolle, C., Johnston, E., & Gazzaley, A. (2013). Video game training enhances cognitive control in older adults. *Nature*, *501*, 97–101.

Ariely, D. (2008). *Predictably Irrational: The Hidden Forces That Shape Our Decisions.* New York: Harper Collins.［アリエリー，D.（著）熊谷淳子（訳）(2008)．予想どおりに不合理――行動経済学が明かす「あなたがそれを選ぶわけ」．早川書房］

Bailey, J. O., & Bailenson, J. N. (2017). Immersive virtual reality and the developing child. In F. Blumberg & P. Brooks (Eds.), *Cognitive Development in Digital Contexts* (pp. 181–200). Amsterdam, Netherlands: Elsevier.

Bandura, A. (1978). Social learning theory of aggression. *Journal of Communication*, 28, 12–29.

Baranowski, T., Buday, R., Thompson, D. I., & Baranowski, J. (2008). Playing for real: Video games and stories for health-related behavior change. *American Journal of Preventive Medicine, 34*, 74–82.

Bavelier, D., Green, C. S., Han, D. H., Renshaw, P. F., Merzenich, M. M., & Gentile, D. A. (2011). Brains on video games. *Nature Reviews Neuroscience, 12*, 763–768. Retrieved from www.ncbi.nlm.nih.gov/pmc/articles/PMC4633025/

Cain, M. S., Leonard, J. A., Gabrieli, J. D. E., & Finn, A. S. (2016). Media multitasking in adolescence. *Psychonomic Bulletin & Review, 23*, 1932–1941.

Cain, N., & Gradisar, M. (2010). Electronic media use and sleep in school-aged children and adolescents. *Sleep Medicine, 11*, 735–742.

Calvert, S. L., Appelbaum, M., Dodge, K. A., Graham, S., Nagayama Hall, G. C., Hamby, S., Fasig-Caldwell, L. G., Citkowicz, M., Galloway, D. P., & Hedges, L. V. (2017). The American Psychological Association Task Force assessment of violent video games: Science in the service of public interest. *The American Psychologist, 72*, 126–143.

Cooper, S., Khatib, F., Treuille, A., Barbero, J., Lee, J., Beenen, M., & Popovic, Z. (2010). Predicting protein structures with a multiplayer online game. *Nature, 466*, 756–760.［Nature Video 版：https://youtu.be/axN0xdhznhY］

Csikszentmihalyi, M. (1990). *Flow: The Psychology of Optimal Experience.* New York: Harper Perennial.［チクセントミハイ，M.（著）今村浩明（訳）(1996)．フロー体験――喜びの現象学．世界思想社］

Cummings, H. M., & Vandewater, E. A. (2007). Relation of adolescent video game play to time spent in other activities. *Archives of Pediatrics & Adolescent Medicine, 161*, 684–689.

Dewey, J. (1913). *Interest and Effort in Education*. Cambridge: Houghton Mifflin.［デューイ（著）杉浦宏（訳）（1972）．教育における興味と努力．明治図書出版］

Dweck, C. (2006). *Mindset: The New Psychology of Success.* New York: Random House.［ドゥエック，C. S.（著）今西康子（訳）（2008）．「やればできる！」の研究――能力を開花させるマインドセットの力．草思社］

Dye, M. W. G., & Bavelier, D. (2010). Differential development of visual attention skills in school-age children. *Vision Research, 50*, 452–459.

Ebbinghaus, H. (1885). Über das Gedächtnis. Leipzig: Dunker. Translated Ebbinghaus, H. (1913/1885). *Memory. A Contribution To Experimental Psychology* (H. A. Ruger & C. E. Bussenius, Trans.). New York: Teachers College, Columbia University.［エビングハウス，H.（著）宇津木保（訳）望月衛（閲）（1978）．記憶について――実験心理学への貢献．誠信書房］

Ferguson, C. J. (2011). The influence of television and video game use on attention and school problems: A multivariate analysis with other risk factors controlled. *Journal of Psychiatric Research, 45*, 808–813.

Ferguson, C. J. (2020). Aggressive video games research emerges from its replication crisis (Sort of). *Current Opinion in Psychology*, 36, 1–6.

Ferguson, C. J., Rueda, S., Cruz, A., Ferguson, D., Fritz, S., & Smith, S. M. (2008). Violent video games and aggression: Causal relationship or byproduct of family violence and intrinsic violence motivation? *Criminal Justice and Behavior, 35*, 311–332.

Fischer, P., Greitemeyer, T., Morton, T., Kastenmüller, A., Postmes, T., Frey, D., Kubitzki, J., & Odenwälder, J. (2009). The racing-game effect: Why do video racing games increase risk-taking inclinations? *Personality and Social Psychology Bulletin, 35*, 1395–1409.

Foddy, B. (2017). The pleasures and perils of operant behavior. In N. Heather & G. Segal (Eds.), *Addiction and Choice: Rethinking the*

Relationship (pp. 49–65). Oxford, UK: Oxford University Press.

Franceschini, S., Gori, S., Ruffino, M., Viola, S., Molteni, M., & Facoetti, A. (2013). Action video games make dyslexic children read better. *Current Biology, 23*, 462–466.

Gentile, D. A. (2009). Pathological video-game use among youth ages 8–18: A national study. *Psychological Science, 20*, 594–602.

Gentile, D. A., Anderson, C. A., Yukawa, S., Ihori, N., Saleem, M., Ming, L. K., Shibuya, A., Liau, A. K., Khoo, A., Bushman, B. J., Huesmann, L. R., & Sakamoto, A. (2009). The effects of prosocial video games on prosocial behaviors: International evidence from correlational, longitudinal, and experimental studies. *Personality and Social Psychology Bulletin, 35*, 752–763.

Gentile, D. A., Lynch, P. J., Linder, J. R., & Walsh, D. A. (2004). The effects of violent video game habits on adolescent hostility, aggressive behaviors, and school performance. *Journal of Adolescence, 27*, 5–22.

Green, C. S., & Bavelier, D. (2003). Action video game modifies visual selective attention. *Nature, 423*, 534–537.

Greitemeyer, T., Agthe, M., Turner, R., & Gschwendtner, C. (2012). Acting prosocially reduces retaliation: Effects of prosocial video games on aggressive behavior. *European Journal of Social Psychology, 42*, 235–242.

Greitemeyer, T., & Osswald, S. (2010). Effects of prosocial video games on prosocial behavior. *Journal of Personality and Social Psychology, 98*, 211–221.

Greitemeyer, T., Osswald, S., & Brauer, M. (2010). Playing prosocial video games increases empathy and decreases schadenfreude. *Emotion, 10*, 796–802.

Guernsey, L., & Levine, M. (2015). *Tap, Click, Read: Growing Readers in a World of Screens.* San Francisco: Jossey-Bass.

Heather, N. (2017). On defining addiction. In N. Heather & G. Segal (Eds.), *Addiction and Choice: Rethinking the Relationship.* Oxford: Oxford University Press.

Hilgard, J., Engelhardt, C. R., & Rouder, J. N. (2017). Overstated evidence for short-term effects of violent games on affect and behavior: A reanalysis of Anderson et al. 2010. *Psychological Bulletin, 143*, 757–774.

Hirsh-Pasek, K., Golinkoff, R., Berk, L., & Singer, D. (2009). *A Mandate for Playful Learning in Preschool: Presenting the Evidence.* New York: Oxford University Press.

Hodent, C. (2017). *The Gamer's Brain: How Neuroscience and UX Can Impact Video Game Design.* Boca Raton: CRC Press. [ホデント，C.（著）株式会社Bスプラウト（訳）(2019)．ゲーマーズブレイン——UXと神経科学におけるゲームデザインの原則．ボーンデジタル]

Jackson, L. A., Witt, E. A., Games, A. I., Fitzgerald, H. E., von Eye, A., & Zhao, Y. (2012). Information technology use and creativity: Findings from the children and technology project. *Computers in Human Behavior, 28*, 370–376.

Jaeggi, S. M., Buschkuehl, M., Jonides, J., & Shah, P. (2011). Short and long-term benefits of cognitive training. *Proceedings of the National Academy of Sciences of the United States of America, 108*, 10081–10086. https://doi.org/10.1073/pnas.1103228108

Kahneman, D. (2011). *Thinking, Fast and Slow.* New York: Farrar, Straus and Giroux. [カーネマン，D.（著）村井章子（訳）(2012)．ファスト＆スロー——あなたの意思はどのように決まるか？ 早川書房]

Kato, P. M., Cole, S. W., Bradlyn, A. S., & Pollock, B. H. (2008). A video game improves behavioral outcomes in adolescents and young adults with cancer: A randomized trial. *Pediatrics, 122*, e305–e317.

King, D. L., Gradisar, M., Drummond, A., Lovato, N., Wessel, J., Micic, G., Douglas, P., & Delfabbro, P. (2013). The impact of prolonged violent video-gaming on adolescent sleep: An experimental study. *Journal of Sleep Research, 22*, 137–143.

Kjaer, T.W., Bertelsen, C., Piccini, P., Brooks, D., Alving, J., & Lou, H. C. (2002). Increased dopamine tone during meditation-induced change of consciousness. *Cognitive Brain Research, 13*, 255–259.

Klahr, D., & Carver, S. M. (1988). Cognitive objectives in a LOGO debugging curriculum: Instruction, learning, and transfer. *Cognitive Psychology, 20*, 362–404.

Koepp, M. J., Gunn, R. N., Lawrence, A. D., Cunningham, V. J., Dagher, A., Jones, T., Brooks, D. J., Bench, C. J., & Grasby, P. M. (1998). Evidence for striatal dopamine release during a video game. *Nature, 393*, 266–268.

Kou, Y., & Nardi, B. (2013). Regulating anti-social behavior on the internet: The example of league of legends. In *Proceedings of the 2013 iConference iSchools.*

Kowert, R. (2019). *Video Games and Well-being: Press Start.* New York: Palgrave.

Kühn, S., Kugler, D., Schmalen, K., Weichenberger, M., Witt, C., & Gallinat, J. (2019). Does playing violent video games cause aggression? A longitudinal intervention study. *Molecular Psychiatry, 24*, 1220–1234.

Lane, H. C., & Yi, S. (2017). Playing with virtual blocks: Minecraft as a learning environment for practice and research. In F. C. Blumberg & P. J. Brooks (Eds.), *Cognitive Development in Digital Contexts* (pp. 145–166). New York: Academic Press.

Lenhart, A., Smith, A., Anderson, M., Duggan, M., & Perrin, A. (2015). Teens, Technology and Friendships. Retrieved from www.pewresearch.org/wp-content/uploads/sites/9/2015/08/Teens-and-Friendships-FINAL2.pdf

Li, R. J., Polat, U., Makous, W., & Bavelier, D. (2009). Enhancing the contrast sensitivity function through action video game training. *Nature Neuroscience, 12*, 549–551.

Li, R. W., Ngo, C., Nguyen, J., & Levi, D. M. (2011). Video-game play induces plasticity in the visual system of adults with amblyopia. *PLoS Biology, 9*(8), e1001135. https://doi.org/10.1371/journal.pbio.1001135

Lieberman, D. (2001). Management of chronic pediatric diseases with interactive health games: Theory and research findings. *Journal of Ambulatory Care Management, 24*, 26–38.

Lindner, D., Trible, M., Pilato, I., & Ferguson, C. J. (2019). Examining the effects of exposure to a sexualized female video game protagonist on women's body image. *Psychology of Popular Media,*

9(4), 553–560.

Loftus, E. F., & Palmer, J. C. (1974). Reconstruction of automobile destruction: An example of the interaction between language and memory. *Journal of Verbal Learning and Verbal Behavior, 13*, 585–589.

McGonigal, J. (2011). *Reality Is Broken: Why Games Make Us Better and How They Can Change the World.* New York: Penguin Press.［マクゴニガル, J.（著）藤本徹, 藤井清美（訳）妹尾堅一郎（監修）(2011). 幸せな未来は「ゲーム」が創る. 早川書房］

Norman, D. A. (2005). *Emotional Design: Why We Love (or Hate) Everyday Things.* New York: Basic Books.［ノーマン, D. A.（著）岡本明 ほか（訳）(2004). エモーショナル・デザイン――微笑を誘うモノたちのために. 新曜社］

Norman, D. A. (2013). *The Design of Everyday Things.* Revised and Expanded Edition. New York: Basic Books.［ノーマン, D. A.（著）岡本明 ほか（訳）(2015). 誰のためのデザイン？ 増補・改訂版――認知科学者のデザイン原論. 新曜社］

Okagaki, L., & Frensch, P. A. (1994). Effects of video game playing on measures of spatial performance: Gender effects in late adolescence. *Journal of Applied Developmental Psychology.* Special Issue: Effects of interactive entertainment technologies on development, *15*, 33–58.

O'Keeffe, G. S., & Clarke-Pearson, K. (2011). The impact of social media on children, adolescents, and families. *Pediatrics, 127*, 800–804. https://doi.org/10.1542/peds.2011-0054

Papastergiou, M. (2009). Exploring the potential of computer and video games for health and physical education: A literature review. *Computers & Education, 53*, 603–622.

Papert, S. (1980). *Mindstorms. Children, Computers, and Powerful Ideas.* New York: Basic Books.［パパート, S.（著）奥村貴世子（訳）(1982). マインドストーム――子供、コンピューター、そして強力なアイデア. 未來社］

Piaget, J. (1962). *Play, Dreams and Imitation in Childhood* (Vol. 24). New York: Norton.［ピアジェ, J.（著）大伴茂（訳）(1988). 模倣の心理

学／遊びの心理学／表象の心理学（幼児心理学１～３）新装版．黎明書房〕
Plante, C. N., Gentile, D. A., Groves, C. L., Modlin, A., & Blanco-Herrera, J. (2019). Video games as coping mechanisms in the etiology of video game addiction. *Psychology of Popular Media Culture, 8*, 385–394.
Przybylski, A. K. (2014). Electronic gaming and psychosocial adjustment. *Pediatrics, 134*(3), e716–e722.
Przybylski, A. K. (2019). Digital screen time and pediatric sleep: Evidence from a preregistered cohort study. *The Journal of Pediatrics, 205*, 218–223.
Przybylski, A. K., Deci, E. L., Rigby, C., & Ryan, R. M. (2014). Competence-impeding electronic games and players' aggressive feelings, thoughts, and behaviors. *Journal of Personality and Social Psychology, 106*, 441–457.
Przybylski, A. K., & Weinstein, N. (2017). A large-scale test of the Goldilocks hypothesis. *Psychological Science, 28*, 204–215.
Przybylski, A. K., & Weinstein, N. (2019). Violent video game engagement is not associated with adolescents' aggressive behaviour: Evidence from a registered report. *Royal Society Open Science, 6*, 171474. https://doi.org/10.1098/rsos.171474
Przybylski, A. K., Weinstein, N., & Murayama, K. (2017). Internet gaming disorder: Investigating the clinical relevance of a new phenomenon. *American Journal of Psychiatry*, 174, 230–236.
Radesky, J. S., Kistin, C. J., Zuckerman, B., Nitzberg, K., Gross, J., Kaplan-Sanoff, M., & Silverstein, M. (2014). Patterns of mobile device use by caregivers and children during meals in fast food restaurants. *Pediatrics, 133*, e843–e849.
Renninger, K. A., & Hidi, S. (2016). *The Power of Interest for Motivation and Engagement.* New York: Routledge.
Riopel, M., Nenciovici, L., Potvin, P., Chastenay, P., Charland, P., Blanchette Sarrasin, J., & Masson, S. (2020). Impact of serious games on science learning achievement compared with more conventional instruction: An overview and a meta-analysis. *Studies*

in Science Education, 56, 169–214.

Rosenberg, D., Depp, C. A., Vahia, I. V., Reichstadt, J., Palmer, B. W., Kerr, J., Norman, G., Jeste, D. V. (2010). Exergames for subsyndromal depression in older adults: A pilot study of a novel intervention. *The American Journal of Geriatric Psychiatry, 18*, 221–226.

Rutherford, T., Kibrick, M., Burchinal, M., Richland, L., Conley, A., Osborne, K., et al. (2010). Spatial temporal mathematics at scale: An innovative and fully developed paradigm to boost math achievement among all learners. Paper presented at AERA, Denver, CO.

Ryan, R. M., & Deci, E. L. (2000). Self-determination theory and the facilitation of intrinsic motivation, social development, and well-being. *American Psychologist, 55*, 68–78.

Ryan, R. M., Rigby, C. S., & Przybylski, A. (2006). The motivational pull of video games: A self-determination theory approach. *Motivation and Emotion, 30*, 347–363. https://doi.org/10.1007/s11031-006-9051-8

Sala, G., & Gobet, F. (2017). Does far transfer exist? Negative evidence from chess, music and working memory training. *Current Directions in Psychological Science, 26*, 515–520.

Sala, G., Tatlidil, K. S., & Gobet, F. (2018). Video game training does not enhance cognitive ability: A comprehensive meta-analytic investigation. *Psychological Bulletin, 144*, 111–139.

Saleem, M., & Anderson, C. A. (2013). Arabs as terrorists: Effects of stereotypes within violent contexts on attitudes, perceptions and affect. *Psychology of Violence, 3*, 84–99.

Saleem, M., Prot, S., Anderson, C. A., & Lemieux, A. F. (2017). Exposure to Muslims in media and support for public policies harming Muslims. *Communication Research, 44*, 841–869.

Schoneveld, E. A., Lichtwarck-Aschoff, A., & Granic, I. (2018). Preventing childhood anxiety disorders: Is an applied game as effective as a cognitive behavioral therapy-based program? *Prevention Science*, 19, 220–232.

Schüll, N. D. (2012). *Addiction by Design: Machine Gambling in Las*

Vegas. Princeton: Princeton University Press.［シュール, N. D. S.（著）日暮雅通（訳）(2018)．デザインされたギャンブル依存症．青土社］

Sestir, M. A., & Bartholow, B. D. (2010). Violent and nonviolent video games produce opposing effects on aggressive and prosocial outcomes. *Journal of Experimental Social Psychology*, 46, 934–942.

Sicart, M. (2009). *The Ethics of Computer Games.* Cambridge: The Massachusetts Institute of Technology Press.

Swing, E. L., Gentile, D. A., Anderson, C. A., & Walsh, D. A. (2010). Television and video game exposure and the development of attention problems. *Pediatrics*, *126*, 214–221.

Tedeschi, J. T., & Quigley, B. M. (1996). Limitations of laboratory paradigms for studying aggression. *Aggression and Violent Behavior*, *1*, 163–177.

Ventura, M., Shute, V., & Zhao, W. (2013). The relationship between video game use and a performance-based measure of persistence. *Computers & Education*, 60, 52–58.

Vygotsky, L. (1978). *Mind in Society: The Development of Higher Psychological Functions.* Cambridge: Harvard University Press.

Weaver, E., Gradisar, M., Dohnt, H., Lovato, N., & Douglas, P. (2010). The effect of presleep video-game playing on adolescent sleep. *Journal of Clinical Sleep Medicine*, *6*, 184–189.

Weinstein, N., Przybylski, A. K., & Murayama, K. (2017). A prospective study of the motivational and health dynamics of Internet Gaming Disorder. *PeerJ*, *5*, e3838. https://doi.org/10.7717/peerj.3838

Weis, R., & Cerankosky, B. C. (2010). Effects of video-game ownership on young boys' academic and behavioral functioning: A randomized, controlled study. *Psychological Science*, *21*, 463–470.

Whiting, S. W., Hoff, R. A., & Potenza, M. N. (2018). Gambling disorder. In H. Pickard & S. H. Ahmed (Eds.), *The Routledge Handbook of Philosophy and Science of Addiction* (pp. 173–181). New York: Routledge.

日本語版解説

山根信二

本書はCelia Hodent（2020）. *The Psychology of Video Games.* 1st edition, Routledgeの邦訳である。本書はイギリスの学術出版社ラウトレッジから出版されている“The Psychology of Everything”シリーズの1冊で、ビデオゲームに関する心理学をコンパクトな分量に詰め込んでいる。このシリーズは心理学者が身近なテーマについて解説を加え、時には俗説の間違いを明らかにするもので、「ファッションの心理学」「陰謀論の心理学」「いじめの心理学」など幅広いテーマを30冊以上出している人気シリーズとなっている。

▶著者について

著者のセリア・ホデントはゲーム業界で活躍する心理学博士で、すでに著書『ゲーマーズブレイン――UXと神経科学におけるゲームデザインの原則』が日本語に訳されている（ボーンデジタル，2019年）。彼女が参加したゲームタイトルは数多いが、その中でも『フォートナイト』は歴史に残るタイトルだろう。このゲームはオンラインシューティングゲームとしてスタートしたあとに大胆な方針転換やモードの追加を行い、本稿執筆時（2022年10月）では「メタバース」に最も近いサービスを提供し続けている。ホデントは『フォートナイト』立ち上げ時の

UXディレクターをつとめており、本書でも強調されるUX（ユーザー体験）の観点から『フォートナイト』の開発をふりかえる講演も行っている。たとえば、NPO法人IGDA日本が主催したセミナー講演「『Fortnite』のユーザーエクスペリエンス」は日本語字幕つきで公開されている[1]。

▶本書について

本書は心理学にもとづいたゲームUXの取り組みをコンパクトにまとめている。まず前半の第1章と第2章ではゲーム開発を支える脳の仕組みについて解説している。これは前著『ゲーマーズブレイン』のUXパートのダイジェストとも言える内容で、専門的な解説が短い分量にまとめられているのは便利だ。その一方で詳しい研究の歩みなどはわからないので、よりくわしく知りたい人はキーワードを心理学辞典や心理学入門の索引で調べるとよいだろう。

本書後半の第3章・第4章はゲームの影響論を扱っている。ゲームを賛美または敵視するような一方的な記述ではなく、よい影響とよくない影響の双方をバランスよく取り上げ、近年の発見を論文情報までつけて紹介している。論文の中にはインターネットで公開されている重要論文もあり、論文をとりあげるだけでなく背景となった論争についても説明されており（本書の謝辞の中には論争の渦中にいたクリス・ファーガソンの名前もあ

1 https://www.youtube.com/watch?v=Ccxhlrr0uvY

る）、専門家による絶好の解説となっている。

そして第5章は本書独自のUXの視点で倫理的問題を解説している。これはゲーム開発のみならず人の心を動かす仕事をめざすすべての人が避けて通れない問題だが、これまでのゲーム開発の入門書にはこうした職業倫理（専門家としての倫理、企業人としての倫理）の視点は薄かった。しかし近年になって大学で高度なゲーム開発者教育を扱うようになり、深く考えるための課題として注目されている。

▶本書を活用するための手引き

このように本書は入門書としてすぐれているが、さらに最新の研究論文もカバーしていることで、教科書としても活用できる。以下に利用法の例を紹介しよう。

1．UXの組織的な導入の手引きとして

本書でも述べられているように、UXデザインはUI（ユーザーインターフェイス）デザインと混同されてきた。そのような状況のもとで専門家としてゲーム会社で働いてきた著者ホデントの歩みは本書にも反映されている。まず心理学にもとづく科学的な方法論をゲーム開発現場に持ち込み、UXディレクターというそれまでにない職種でゲーム開発に貢献する。さらに、本書ではUXをトップ企業だけでなく、あらゆるゲームスタジオ

マインドセットとして提案している。このように心理学博士が就職してユーザー中心の職場をひろめようとするまでの歩みを本書の章構成に見てとることができる。こうした本書での筆者の語りは、UXを導入しようとする企業や心理学博士人材を加えたい企業にとってよいガイドになるだろう。

2．高度開発者教育の参考資料として

複数年かけて実践的なゲーム開発者教育を行う大学が増えている。従来の職業訓練校が短期間で「いま企業でやっていること」を学ぶのに対して、大学ではより広い視野での人材育成を行っている。倫理問題もその一つで、現代の専門家にはゲームのいい影響と悪い影響の両面を説明できるだけでなく倫理的な振る舞いも求められる。そのためのリアルな教材がこれまで不足していたが、本書第5章に出てくるダークパターンの事例は、ゲーム開発者だけでなく幅広い層のソフトウェア技術者にとっても印象的な倫理教材となっている。また本書の第3章・第4章で展開される「ゲームはいい影響があるのか？　それとも悪い影響の方が大きいのか？」あるいは「多様なゲームをひとくくりにするような問いのたて方そのものが間違っているのではないか？」という問いは、専門家が社会への説明責任を果たす際の生きた教材になるだろう。

3．心理学科目の副読本として

心理学の専門家資格が新設されているように，科学としての心理学に基づいて援助や教育を行える専門家が国内で不足している。特に実社会では，心理学にもとづいたビデオゲームの上手な遊び方やケアについての関心も高い。しかし，ビデオゲームについての最新研究を踏まえた心理学の専門家養成プログラムは国内には存在しない。

心理学を学ぶ学生にとって，本書の第1章の内容は心理学概論で学ぶ範囲であり，本書よりも丁寧な説明をしている教科書もある。それに加えて，UXについての第2章や，ゲームの影響論について最近の研究をふまえた第3章・第4章を学ぶことで，従来の心理学の教科書では扱えなかった，ビデオゲームに代表される現代的な課題を教育内容に追加することができる。

4．専門医研修の教材として

第4章ではモラルパニックについて触れられている。モラルパニックはハイテク機器の影響論ではよく登場する概念であり，邦訳されたキング＆デルファブロ著『ゲーム障害』（福村出版，2020年）でも一節が割かれているように，ゲームに関わる医療従事者はモラルパニックによる不安や偽情報に対して注意深くあらねばならない。さらに医療従事者がモラルパニックについて必ず学ぶべきだという意見もある。たとえばイギリスでは、技術によって起こるパニックについて学ぶ児童精神科医向けの専門医研修教材が2020年から無料公開されている[2]。この教材では「スクリーンタイムは依存症の原因なのか？」といったビデオゲーム規制論についても扱っており、ビデオゲームが心理学の専門医研修に使えることを示している。その一方で、日本国内では、専門医教育でデジタル技術の革新がもたらすパニックについて学ぶ機会が不足しており、本書第4章は医療従事者がゲームのモラルパニックに免疫をつけるための手引きになるだろう。

▶日本の読者のための手引き

最後に、日本の読者にとってわかりにくい点を補足したい。本書の中には北米での最近の動向を踏まえたために、日本では補足説明が必要な点がある。

1．スクリーンタイムは制限されるべきか

まず第3章で、米国小児科学会（AAP）が乳児期から児童までのスクリーンタイム制限を推奨している、という記述がある。これを読んで「ああ、やっぱり子供の視聴時間を制限しなくては」と思った方も多いだろう。しかしよく読むと「ビデオ通話を除いて」という条件がついている。つまりAAPはオンラインでのビデオチャットを解禁しているのだ。AAPは過去

2　https://doi.org/10.13056/acamh.15469

20年間あらゆる端末のスクリーンタイムを制限しようとしてきたのだが、いまではオンラインでのリアルタイムコミュニケーションの効用を認めている。この方針変更は子どもにパソコンを教えることに後ろめたさを感じていた親からも歓迎されている[3]。しかし日本ではこの全米で起きた方針変更が紹介されず、いまだにビデオ通話も非対話的な番組視聴も区別しない利用度調査が行われ、コロナ禍でリモート学習をとりいれようとする学校や家庭へのブレーキになっている。

2．論文が出てからも検証は続く

第4章で、アンダーソンらのメタアナリシス（異なる場所で行われた調査結果を集め、統計処理を用いて統合して行う分析）についてヒルガードらが異論を唱えたことが紹介されている。これはゲームの攻撃性について研究していたヒルガードの仕事のほんの一部で、過去の暴力性研究からは他にも間違いや捏造が発見されている。そして暴力性研究の中には、指摘を受けて掲載がとりさげられ、博士号の取り消しまで起きた[4]。こうした背景を聞くと、ゲームの悪影響にのみ注目した論文はすべてあやしく見えるかもしれないが、それは正しい見方ではない。他の専門家から問題を指摘された論文が訂正されるのは正常な科学の営みだ。むしろ問題は、論文は撤回することができるが、その主張にもとづいた政策を取り消すのは論文撤回後も容易ではな

3 https://medium.com/connected-parenting/how-dropping-screen-time-rules-can-fuel-extraordinary-learning-2b4e6eeb3f9

4 https://retractionwatch.com/2018/08/31/prominent-video-game-violence-researcher-loses-another-paper-to-retraction/

いということだ。したがってゲームに関する政策決定を行う際には、個々の主張にのみ注目するのではなく、学会（科学者集団）でどこまで合意が得られてどのような異論があるかもとりいれる必要がある。

3．分類ができてからも本文改訂は続く

第4章で『精神疾患の診断・統計マニュアル（DSM-5）』が「行動嗜癖」という概念を導入して、ギャンブルがその最初の事例になったことが説明されている。それ以降、依存や行動嗜癖は疾患なのかという議論は深まっており、原書の出版後に発表されたDSM-5の本文改訂版「DSM-5-TR」では記述がアップデートされている。ギャンブリング障害は本書が扱う範囲外だが、今後はDSM-5-TR版のギャンブリング障害の区分を参照すべきだろう。ちなみに「疾病および関連保健問題の国際統計分類（ICD-11）」においても同様に、統計分類とそれに対する本文の改訂が進められている。ICD-11は2022年2月に詳細な記述が公開されている。本書からさらに進んで調べる際には、分類ができたと説明しているだけの文献ではなく、さらに区分や条件についての本文改訂を参照した文献を確認してほしい。

▶ゲームUXの歩み

ビデオゲーム産業はつねに前作を超えるものを生み出し、

「これはゲームなのか？」と問うような新しい体験を生み出してきた。これからもゲームが新しい体験の実験場であり続ける限り、科学者はゲームUXに注目し、ゲーム産業はUX研究を必要とするだろう。

ホデントのゲームUX関連の仕事は、そうした新しいゲームUXへの取り組みのモデルを示している。欧米ではホデント以前から、ユーザー体験の評価を行うためにゲームスタジオが心理学博士を雇っていた[5]。そしてホデントが新たに加えたのは、スタジオの壁を超えたゲームUXのコミュニティをつくったことだろう。彼女が中心となって毎年開催されてきたGameUXサミット[6]は、最新のゲームUX事例を紹介するだけではなく、デザインの大家ドナルド・ノーマンや伝説的なゲーム開発者を招いている。

日本国内のゲームスタジオも科学的なUXの視点を取り入れはじめており、今後はUXディレクターに対応する専門職が国内でも立ち上がり、彼ら彼女らが最前線のゲームUXの実践知を共有する段階に進むはずだ。これからはホデントの著書だけでなく、世代と組織を超えてゲームUXコミュニティを立ち上げた仕事も参考になるだろう。

▶最後に

本書の日本語訳を提案したのは、2020年3月に可決され同4

5 Nichols, Tim (2009). An interesting career in psychological science: Video Game User Researcher. *Psychological Science Agenda*. November. 2009. Vol. 23, No. 11. APA. https://www.apa.org/science/about/psa/2009/11/careers

6 http://gameuxsummit.com/

月に施行された香川県ネット・ゲーム依存症対策条例がきっかけだった。もしもビデオゲームについての過去のモラルパニックから学び、最新論争にたどりつける入門書が当時あれば、条文や採択プロセスはまともになっていたかもしれない。これは監訳者個人の突飛な想像ではなく、第4章で引用されているオーセットら（Aarseth et al., 2017）は、ICD-11のgaming disorder（ゲーム障害、ゲーミング障害、ゲーム行動症など、公式な訳語は本稿執筆時点ではまだ決まっていない）の分類がモラルパニックを助長する可能性を指摘している。つまり、本書はゲーミング障害という概念が一人歩きして、長期間の診察も無しに、効果があるか確認されていない治療法を受けさせられるような人権侵害が起こるのではないかという論争の中で書かれている。つまり本書は入門書でありながら、決着していない論争を紹介する書でもある。心理学とビデオゲームという関連深いトピックをコンパクトに紹介しつつ、まだ専門家の間でも合意がとれていないことを社会に対して明らかにしようとする姿勢が、本書をユニークな学術書にしている。

本書の編集は、榎本統太氏が担当された。心からお礼申し上げる。

［著者］**セリア・ホデント**（Celia Hodent）
ゲーム開発コンサルタント。パリ第5大学で心理学の博士号を取得。ヴイテック、ユービーアイソフト、ルーカスアーツ、エピックゲームズで『アサシン クリード』『フォートナイト』など多くのゲームのユーザー体験の向上に携わった後、2017年に独立。著書に『ゲーマーズブレイン―― UXと神経科学におけるゲームデザインの原則』（株式会社Bスプラウト訳，ボーンデジタル，2019年）がある。

［監訳］**山根信二**（やまね・しんじ）
東京国際工科専門職大学工科学部デジタルエンタテインメント学科教員。民間企業勤務後、岩手県立大学、国際大学GLOCOM、青山学院大学HiRC、岡山理科大学などを経て2020年度より現職。過去に情報教育シンポジウム最優秀論文賞、大都会アワードなど受賞。日本初のHEVGA（全米ビデオゲーム高等教育機関連合）会員。NPO法人IGDA日本でも理事をつとめる。

［訳］**成田啓行**（なりた・ひろゆき）
英日翻訳者。滋賀県立大学大学院人間文化学研究科（博士後期課程）単位取得退学。訳書に『お世辞を言う機械はお好き？――コンピューターから学ぶ対人関係の心理学』（福村出版，2017年）、『ゲーム障害――ゲーム依存の理解と治療・予防』（福村出版，2020年）がある。広大なオープンワールドを自由に駆けまわるゲーム体験を好む。

［装幀・本文デザイン・組版］南 貴之（4Udesign）

はじめて学ぶ ビデオゲームの心理学
脳のはたらきとユーザー体験（UX）

2022年12月15日　初版第1刷発行
2023年 8 月10日　　　第2刷発行

著　者	セリア・ホデント
監訳者	山根 信二
訳　者	成田 啓行
発行者	宮下 基幸
発行所	福村出版株式会社 〒113-0034　東京都文京区湯島2-14-11 電話　03-5812-9702　FAX　03-5812-9705 https://www.fukumura.co.jp
印　刷	株式会社文化カラー印刷
製　本	協栄製本株式会社

ISBN978-4-571-21045-7　C3011　Printed in Japan